INTRODUCTION TO CIVIL ENGINEERING

土木工程

概论

主编　贾正甫　李章政

四川大学出版社

责任编辑:周树琴
责任校对:高春玉
封面设计:罗 光
责任印制:王 炜

图书在版编目(CIP)数据

土木工程概论 / 贾正甫,李章政主编. —成都:四川
大学出版社,2006.8(2007.9 重印)
ISBN 978－7－5614－3343－0

Ⅰ. 土… Ⅱ.①贾…②李… Ⅲ. 土木工程－概论
Ⅳ. TU

中国版本图书馆 CIP 数据核字(2006)第 067728 号

书名	土木工程概论
主 编	贾正甫 李章政
出 版	四川大学出版社
地 址	成都市一环路南一段 24 号 (610065)
发 行	四川大学出版社
书 号	ISBN 978－7－5614－3343－0
印 刷	郫县犀浦印刷厂
成品尺寸	170 mm×230 mm
印 张	12
字 数	201 千字
版 次	2006 年 9 月第 1 版
印 次	2019 年 3 月第 11 次印刷
定 价	30.00 元

◆ 读者邮购本书,请与本社发行科联系。
电话:(028)85408408/(028)85401670/
(028)85408023 邮政编码:610065
◆ 本社图书如有印装质量问题,请
寄回出版社调换。
◆ 网址:http://press. scu. edu. cn

前　言

　　刚从高中跨入大学，一切都显得那么陌生和不适应。生活上，离开父母的那一刻，怅然若失，顿觉无助。学习上，没有从早到晚陪着我们的教师，没有固定的教室，甚至于没有固定的学习内容。"学什么？怎样学？为什么这样学？以及如何用所学知识解决实际问题？"——这一系列的问题萦绕着学生，也许直到大学毕业仍被某些问题困扰。本课程的目的是对学生进行专业思想教育，指导新生认识专业，引导学生适应大学学习和生活，建立热爱土木工程学科的感情和对土木工程事业的责任心，为今后积极主动学习大学课程、培养自主学习能力打下一定的思想基础。

　　大学一年级的学生在适应大学生活的过程中，既要有教师的正确引导，更要凭学生本人的主动。学生主动适应大学学习生活，要做到以下几点：树立正确的人生观；明确大学学习任务，认识大学的学习规律和学习过程，建立积极进取的学习动机和目标；认识自我，实现自主性学习，逐渐摸索出良好的学习方法，最大限度地调动自己的学习积极性，不断充实自我，完善自我。

　　高等教育是指一切建立在普通教育（中小学教育）基础上的专业教育。任何一个专业都有其专业培养目标。土木工程专业的培养目标是：培养适应社会主义现代化建设需要，德、智、体、美全面发展，掌握土木工程学科的基本理论和基本知识，获得土木工程师基本训练的、具有创新精神的高级工程科学技术人才。毕业生能从事土木工程的设计、施工与管理工作，具有初步的工程项目规划和研发能力。大学里的所有教学活动都是围绕着这一目标展开的。有关土木工程专业的教学安排将在后面作详细介绍。

　　本书的特点是：内容简明扼要，但又覆盖了土建工程的主要内容。语言精练，图文并茂，深入浅出，概念清楚，篇幅得当。适合 16～24 学时的教学安排。

　　各章编写教师：熊峰（第 1 章）、雍化年（第 2 章）、李碧雄（第 3 章）、李章政（第 4 章）、贾正甫（第 5 章）、余民久（第 6 章）、谭大璐（第 7 章）。

　　本书的顺利出版，得到了四川大学出版社的大力支持，周树琴老师的大力支持和关心，在此表示衷心的感谢。本书在编写过程中参考了大量国内外文献，在此向文献作者一并致谢。鉴于我们的水平有限，内容安排和材料取舍不一定得当，错误和不妥之处在所难免，敬请读者批评指正。

编者

2006 年 5 月于四川大学

目　录

第 1 章 绪 论

1.1 土木工程的发展

1.1.1 土木工程 （Civil Engineering）

1. 土木工程的概念

土木工程与人们的生活密切相关。在英语里土木工程称为 Civil Engineering，直译为"民用工程"，原意是与"军事工程"（Military Engineering）相对应的概念。历史上的 Civil Engineering 包括土木工程、机械工程、电气工程、化工工程等具有民用性的工程。后来随着工程技术的发展，分科细化，机械、化工、电气等逐渐独立出来，形成单独的门类，Civil Engineering 才演变成土木工程的专用名词。现在的土木工程是指用石、砖、混凝土、钢材、木材、合金材料及塑料等材料在地球表面的土层或岩层上建造起来的与人类生活、生产活动有关的工程设施。通常又称土木工程设施为基础设施，它不仅满足人们的居住和交通等要求，同时也是其他工业生产的载体，因此土木工程覆盖各行各业。

土木工程设施的类型包括建筑工程、公路与城市道路工程、铁路工程、桥梁工程、隧道工程、水利工程、港口工程、给水排水工程、环境工程及海洋工程等（图 1-1）。土木工程也指建设这些工程设施的科学技术活动的总称，建造任何设施都包含勘测、设计、施工等过程，随着科技的进步，每一个环节都需要理论的指导和实施的组织，从而使工程设施能达到安全、经济和美观的建设要求。

土木工程也是一门学科，称为土木工程学，它运用数学、物理、化学等基础科学知识，力学、材料等技术科学知识以及土木工程方面的工程技术知识来研究工程的设计原理、施工技术和实施手段。土木工程正变成一门综合性的学科，集经典理论、实践经验及现代科技为一体，不断与其他学科结合，产生知识的新的增长点，推动着学科的发展和工程实践的进步。

· 1 ·

(a) 香港青马大桥主跨长度 178 m，混凝土桥塔高 206 m

(b) 上海金茂大厦，88 层，建筑高度 420.5m，
建筑面积 28.9 万平方米

图 1-1　各种各样的土木工程

青藏铁路Ⅱ期工程东起青海格尔木，西至西藏拉萨，全长1142 km，其中多年冻土地段约600 km，海拔高于400米的地段有960多千米，青藏铁路将成为世界上海拔最高和最长的高原铁路。

(c) 二滩水电站双曲拱坝，高240 m　　(d) 青藏铁路Ⅱ期工程 (格尔木至拉萨)

续图 1 - 1　各种各样的土木工程

2. 土木工程建设的要素

土木工程的目的是形成人类生产或生活所需要的、功能良好且舒适美观的空间和通道。它既是物质方面的需要，也有象征性方面即精神方面的需求。随着社会的发展，工程结构越来越大型化、复杂化，超高层建筑、特大型桥梁、巨型大坝、复杂的地铁系统不断涌现，满足人们的生活需求，同时也演变为社会实力的象征。

土木工程需要解决的根本问题是工程的安全，使结构能够抵抗各种自然或人为的作用力。任何一个工程结构都要承受自身重量，以及承受使用荷载和风力的作用，温度变化也会对土木工程结构产生力作用。在地震区，土木工程结构还应考虑抵御地震作用。此外，爆炸、振动等人为作用对土木工程的影响也不能忽略。

材料是实现土木工程建造的基本条件。土木工程的任务就是要充分发挥材料的作用，在保证结构安全的前提下实现最经济的建造，因此材料的选择，数量的确定是土木工程设计过程中必须解决的重要内容。

土木工程的最终实现是将社会所需的工程项目建造成功，付诸使用。有了最优设计还不够，还需要把蓝图变为现实。因此需要研究如何利用现有的物资设备条件，通过有效的技术途径和组织手段来进行施工。

土木工程是个系统工程，涉及方方面面的知识和技术，是运用多种工程技术进行勘测、设计、施工的成果。土木工程随着社会科学技术和管理水平而发展，是技术、经济、艺术统一的历史见证。影响土木工程的因素既多又复杂，使得土木工程对实践的依赖性很强。

3. 当代中国正建设着世界上最大规模的土木工程

我国改革开放二十多年来，经济飞速发展，基本建设成倍增加，全国各地大兴土木，其建设规模世界上没有任何国家可以相比。整个中国俨然就是一个立体的工地，到处都是建设场所。据有关部门统计，"十五"期间，国内生产总值从 2000 年的 9.5 万亿元增长到 2005 年的 12.3 万亿元，全社会固定资产投资规模从 2000 年的 3.5 万亿元增长到 2005 年的 4.7 万亿元。固定资产投资的 60% 以上要由建筑业和相关产业来完成。目前，住房和基础设施建设都是国家经济发展中的增长点。随着住房和基础设施建设的投资力度加大，必将带来建设事业的快速发展。

在今后相当长时期，加快城市化进程将是我国的重要战略任务。2001 年，我国城市化水平为 37.7%，2005 年达到 40%，而发达国家已达到 75%，因此我国在城市化的进程中还需要走相当长的道路，要加快城市化发展，基础设施、住房、配套服务以及各类工业项目的建设都要依靠土木工程专业的人才为之奋斗。

目前我们还处于建设高峰期，再过 10 年、20 年，土木工程结构将会进入老化和维修期。根据美国 2003 年的调查：现美国 29% 以上的桥梁需要维修、1/3 以上道路老化，2 600 个水坝不安全。估计美国 5 年内需投入 16 000 亿美金改善基础设施的不安全状态。这就意味着，美国现在平均每年需要投入相当于我国目前每年在新建工程上投入资金的 1.5~2.0 倍来维护、修缮原有的基础设施和已建工程。中国在不远的将来也将出现这种状况，甚至更为严重，因此在今后相当长的时期内，土木工程建设领域依然会保持兴旺的势态。

最近几年的毕业生就业状况也反应出国内土木工程建设规模庞大，人才急需的情景。尽管土木工程专业的毕业生数量不少，但人才市场仍然需求旺盛。根据人事部"2005 年高校毕业生就业接收及 2006 年需求情况调查分析"显示，大学生需求专业相对比较集中，其中建筑类专业位居专业需求的第 6 位。2006 年，社会对建筑类毕业生总需求为 5 万余人，其中研究生 2 600 人左右，本科生 30 000 余人，专科生 14 000 人左右。在北京，工业与民用建筑工程，建筑学等专业已经成为主要的紧缺专业。北京市人事局发布了"2006 年引进非北京生源本科毕业生紧缺专业目录"，17 个急需外地生源的专业中，建筑类占了 2 个：建筑工程、道路与桥梁工程。据了解，建筑类专业从 2001 年开始已连续 6 年入选北京市紧缺专业目录。2008 年,奥运会为北京提供了城市基本建设新契机,也为建筑类毕业生提供了更多的就业空间、更好的就业机会和施展才华的舞台。

1.1.2 土木工程专业与土木工程教育

土木工程师需具有较高的专业技能,需依靠高等学校的专门培养。在我国,土木工程专业既是一个古老的专业,又是一个庞大的专业。大多数工科院校都设有土木工程专业,全国有土木工程专业的本科院校达到 200 多所。各校根据教育部土木工程专业教学大纲和自身的特点及优势开展土木工程教育,为国家培养急需的土木工程人才。

1. 土木工程人才培养目标

尽管学校不同,教学模式有差异,但我国土木工程教育对人才培养目标是一致的。土木工程专业培养能适应社会主义现代化建设需要,德、智、体全面发展,具有相应多种工作岗位的适应能力及一定的研究、创新与开发能力和具有工程师基本素质,且受过工程师基本训练的高级人才。学生毕业后可从事建筑工程、市政工程、地下工程、隧道工程、道路与桥梁工程等与土木工程相关部门的设计、规划、研究及管理等方面的工作。

培养目标中有两个主要点:一是强调工程师基本训练,目前我国本科教育正向素质教育过渡,要求学生强基础、宽知识,以适应科技的发展和知识的更新。对土木工程专业的学生来说,工程师基本素质不可缺少。学生应掌握土木工程基础理论,并具备一定的应用能力,毕业后通过一段时期的工程实践和职业的继续教育,方可成为合格的土木工程师。二是规划了学生今后的职业生涯,毕业后可从事设计、施工、管理、开发和研究等工作。由此可看出,土木工程人才有着较宽的就业面,能在基本建设的各个环节开展工作。

2. 土木工程教育

普通高等学校教育和中学教育在课程设置方面有很大的不同。中学阶段主要开设政治、语文、外语、数学、物理、化学、生物、历史、地理、体育、音乐、美术等 10 余门基础课程和劳动技术、生理卫生等课程,以开发智力、培训技能或开阔视野为目的而开设的各种选修课程,课程多属基础知识型。大学课程分为必修课和选修课(图 1 - 2),必修课通常包括公共课、基础课、专业核心课以及实践性教学环节,选修课包含大量文化素质课、公共基础课或专业选修课。在学习过程中，学生应在指导性教学计划规定的范围内，在指导教师的指导下，自主选修课程。学生以总学分来衡量其学习量，取得一定的学分方可毕业和获取学位。

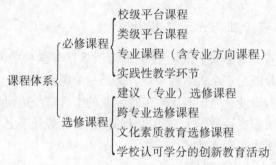

图 1-2 四川大学的课程体系

土木工程专业的课程类型主要包括以下几类：

（1）公共课。公共课包括国家统一课和校级公共课，是任何专业都必修的课程，是为培养大学生德、智、体全面发展的必要课程。如政治类课程（思想品德修养、马克思主义哲学原理、政治经济学原理、毛泽东思想概论、邓小平理论概论、形势与政策）、体育课、外国语课、计算机基础理论、法律知识课及军事理论课等。

（2）基础课。基础课包括研究自然界的形态、结构、性质、运动规律的课程和有应用背景但不涉及具体的工程或产品，有一定的深度和广度的课程，如数学、物理、土木工程概论、建筑制图、理论力学、材料力学等。它是学生学习知识，进行思维和基本技能训练，培养能力的基础，同时是学生提高基本素质，学好后续的专业核心课的基础。

（3）专业核心课。专业核心课包括与土木工程有密切联系的课程和有具体应用背景，与本专业的工程技术、技能直接相关的课程。如建筑测量、建筑材料、结构力学、结构设计原理、岩土力学、基础力学实验、工程地质、流体力学、施工技术和组织设计、建筑结构设计、桥梁工程、工程项目管理及房屋建筑学等。

（4）选修课。根据土木工程专业教学的要求，学生可根据个人的爱好，在指导教师指导下选择自己的主攻方向，也是各校特色所在。四川大学土木工程专业开设了建筑工程、桥梁工程和建筑工程管理三个方向。不同方向专业课的设置有所不同，如选择建筑工程方向，应选修高层建筑结构设计、建筑抗震设计、建筑结构试验、建筑结构 CAD、大跨度房屋结构、基础工程、结构分析程序设计等有关工程和产品类的课程。选修课中还有一部分是为拓宽学生知识面，介绍科学前沿，提高学生某些基本技能或满足学生的兴趣爱好而设置的，学生可根据学分要求和个人的需要来选修。

(5) 实践性教学环节。土木工程专业是一个实践性较强的专业，为达到工程师基本训练目的以及培养相应的技能和能力，各校设置了大量的实践性环节。学生通过实践性环节的训练，强化理论知识的应用，同时培养解决工程实际问题的能力。在这个过程中，学生也可了解工程，了解社会和工程之间的关系。实践性环节通常包括物理实验、测量实习、房屋建筑学课程设计、建筑结构课程设计、施工组织课程设计、桥梁结构课程设计、工程估价课程设计、认识实习、生产实习、毕业实习、毕业设计等。

3．土木工程知识结构

过去的土木工程教育非常注重理论基础，学生要有坚实的数学、力学知识，整个教育围绕着工程分析进行。计算机的出现，对传统的理论分析带来了冲击，面对越来越复杂的工程，应用经典理论的手算方法已经落后，必须依靠计算机进行准确的结构分析，因此计算机能力成为学生必备的条件。图 1－3 为某工程的计算模型图。

通过计算机可以模拟结构在地震作用下的反应，以研究结构的抗震性能。同时信息化的进步，使得过去许多经验型的东西逐渐得以发挥，理论分析无法解决的问题，计算机提供了可供选择的方案。例如，通过将专家头脑中的经验储存，可以使工程方案的制订得到无数专家的智慧；另外，实验技能也应为工程人才所具备。目前，我们解决工程问题，很多情况下需要试验验证，随着实验设备的发展，已可进行许多大型的试验，模

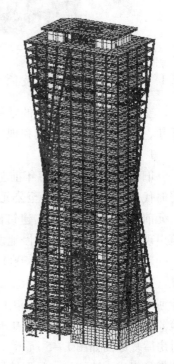

图 1－3　某高层建筑结构计算模型图

拟实际工程结构和所受环境荷载，为工程结构研究提供较好的条件，图1-4为利用大型振动台模拟拱桥地震反应的试验。同时随着计算机的发展，实验也增添了许多新内容。用计算机模拟结构的反应，在某种程度上相当于实现了结构的"足尺试验"，对传统的试验来说是个极大的扩充。因此，理论、计算、实验构成了土木工程人才的知识结构。

图1-4 钢管混凝土拱桥振动台试验

1.1.3 土木工程的发展简史

土木工程是一门古老的学科，有着悠久的历史，伴随人类的发展，绵延数千年，经历了古代、近代和现代三个阶段。

1. 古代土木工程

旧石器时代（170万年前至公元前8000年），人类居住于天然洞穴；中石器时代（公元前8000年至公元前6000年），地穴建筑出现；新石器时代（约公元前6000年），半地穴建筑出现；约公元前5000年，地面建筑、干栏式建筑出现。古代土木工程缓慢地发展。

新石器时代（公元前6000年至公元前3000年），黄河流域的仰韶文化遗址（新石器时代的一种文化，因其分布于黄河中下游流域，1921年首次发现于河南绳池仰韶村而得名）中发现用木骨泥墙构成的居室，是早期的地面建筑。著名的西安半坡村遗址中有许多圆形房屋的痕迹。经考古分析，得出半坡村房屋复原图如图1-5所示。可以看出，原始社会的地面建筑由墙体、屋顶两部分组成，墙体为木骨泥墙结构，屋顶由构架和木柱支撑。

约公元前2000年，相当于夏代时期，出现了夯土的城墙。西周时期开始有了烧制的瓦，战国时期的墓葬中发现了大尺寸的空心砖。

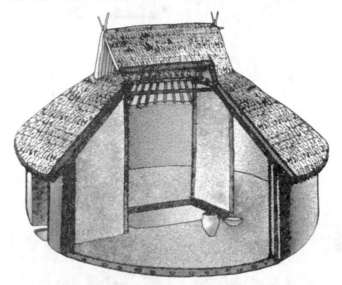

图 1-5 西安半坡村房屋复原图

在欧洲，大约 8000 年前已开始采用晒干的砖（土坯）；大约 5000 年至 6000 年前，开始开凿自然石砌筑房屋；采用烧制的砖亦有 3000 年的历史。

古代土木工程虽然发展缓慢，但却出现了许多伟大的工程，在人类的历史长河中熠熠生辉。

约公元前 256 年至公元前 251 年（战国时期），李冰父子在前人治水的基础上访察水脉，因地制宜，因势利导，完成了举世瞩目的都江堰排、灌水利工程（图 1-6）。它是世界上最长的无坝引水枢纽，一直沿用至今，其灌溉面积现在正达一千多万亩，创造了巨大的经济效益。

岷江是长江上游的一条较大的支流，发源于四川北部高山地区。每当春夏山洪暴发之时，江水奔腾而下，从灌县（今都江堰市）进入成都平原，由于河道狭窄，古时常常引起洪灾，洪水一退，又是沙石千里，岷江东岸的玉垒山又阻碍江水东流，造成东旱西涝。秦昭王五十一年（公元前 256 年），李冰任蜀郡太守，为排除洪灾之患，他主持修建了著名的都江堰水利工程。都江堰的主体工程是将岷江水流分成两条，其中一条水流引入成都平原，这样既可以分洪减灾，又达到了引水灌田、变害为利的效果。为此，李冰在其子二郎的协助

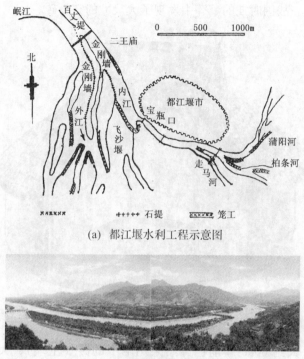

(a) 都江堰水利工程示意图

(b) 都江堰水利工程全景

图 1-6 举世瞩目的都江堰水利工程

下，邀集有治水经验的农民，对岷江水东流的地形和水情作了实地勘察，决心凿穿玉垒山引水。在无火药（火药发明于东汉时期，即公元 25 年至 220 年间）爆破的情况下，他采用先以火烧石，再浇江水的办法，使岩石爆裂（热胀冷缩的原理），大大加快了工程进度，终于在玉垒山凿出了一个宽 13.3 m，高 26.6 m，长 53.3 m 的山口。山口低水位每秒流速 2 m，高水位每秒流速 4 m，因形状酷似瓶口，故取名"宝瓶口"，而开凿玉垒山分离的石堆称为"离堆"。"宝瓶口"引水工程完成后，虽然起到了分流和灌溉的作用，但因江东地势较高，江水难以流入宝瓶口，李冰父子率众又在离玉垒山不远的岷江上游江心筑分水堰，用装满卵石的大竹笼放在江心堆成一个狭长的小岛，形如鱼嘴，岷江流经鱼嘴，被分为内外两江。外江仍循原流，内江经人工造渠，通过"宝瓶口"流入成都平原。为了进一步起到分洪和减灾的作用，在分水堰与离堆之间，修建了一条长 133.3 m 的溢洪道流入外江，以保证内江无灾害，溢洪道前修有弯道，江水形成环流，江水超过堰顶时洪水中夹带的泥石便流入到外江，这样便不会淤塞内江和宝瓶口水道，故取名"飞沙堰"。为了观测和控制内江水量，李冰召人又雕刻了三个石桩人像，放于水中，让人们知道"枯水（低水位）不淹足，洪水（高水位）不过肩"，还凿制石马置于江心，以此作为每年最小水量时淘滩的标准。现在，都江堰每年都接待不少外国游人，其中有些是水利专家。许多水利专家仔细观看了整个工程的设计后，都对我国当时发达的科学水平惊叹不止，比如飞沙堰的设计就是很好地运用了回旋流的理论。

中国人引以为自豪的长城原是春秋战国时期各国为了相互防御，而各自在地势险要处修筑的城墙。秦始皇统一全国后，为了抵御北方匈奴贵族的南侵，于公元前214年将秦、赵、燕三国的北边长城予以修缮，连贯为一。旧长城为黏土拌乱石建造，现在河北、山西北部的长城为明代中叶改用精制城砖重修，墙高约12m，宽约7m～10m，是世界上最伟大的工程之一（图1-7）。

图1-7 万里长城

中华民族的建筑体系是木构架制，历代王朝建造的大量宫殿和庙宇，都系木构架结构，即用木梁、木柱做成承重骨架，用木制斗拱做成大挑檐，四壁墙体都是自承重的隔断墙。至今保存完好的最早的木建筑是山西五台县佛光寺大殿，建于公元857年（唐宣宗时）。公元1056年建成的山西应县木塔（图1-8），塔高67.3m，该塔共九层，八角形，底层直径30.27m，是我国现存的最高的木结构之一，经多次大地震后仍完好无损。

图 1-8　山西应县木塔

建于公元前 2700 至公元前 2600 年的埃及帝王陵墓建筑群——吉萨金字塔群，其中以古国王第四王朝法老胡夫的金字塔最大。该塔塔基呈正方形，每边长 230.5m，高约 146m，用 230 万余块巨石砌成。它的内核是用巨石围砌的扶壁，内倾角约为 75°（图 1-9），越到外围扶壁高度越小，形成台阶状。墓室或安置在金字塔下面的巨石里，或安放在塔身中某处，有很窄的秘密甬道或石阶通往。

公元 532 至公元 537 年间建造在今土耳其伊斯坦布尔的索菲亚大教堂（图 1-10 为砖砌穹顶（圆形球壳），直径 30 余米，穹顶高 50 多米，穹顶支撑在大跨砖拱和用巨石砌筑的巨型柱上（7m×10m）。

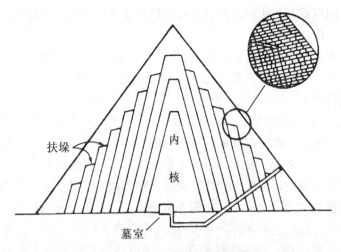

图 1-9 埃及胡夫金字塔内部

(a) 重建后的索菲亚大教堂

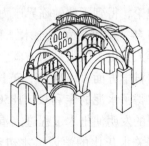

(b) 索菲亚大教堂内部 　　　　(c) 索菲亚大教堂的结构体系

图 1-10 索菲亚大教堂

西欧各国以意大利比萨大教堂和法国巴黎圣母院为代表的教堂建筑，都采用砖石拱券结构。

古代土木工程所采用的材料最早只是当地的天然材料，如泥土、砾石、树干、树枝、竹、茅草、芦苇等，后来发展到土坯、石材、砖、瓦、木、青铜、铁、铅及混合材料如草筋泥、混合土等。土木工程的施工设备（机具、工具），由石斧、石刀等简单工具发展到斧、凿、锯、铲等青铜和铁制工具，后来再发展到打桩机、桅杆起重机等施工机械。工种分工日益精细，有木工、瓦工、泥工、土工、窑工、雕工、石工、彩绘工等不同的工种。

同时，古代时期还出现了一些经验总结和形象描述的土木工程著作，如我国公元前五世纪的《考工计》，北宋李诚在公元 1100 年编写的《营造法式》以及意大利文艺复兴时期阿尔贝蒂所著的《论建筑》等。但总的来说，古代土木工程缺乏理论指导，多凭经验建造，所以结构构件截面大，材料利用率低，使用空间狭窄。

2. 近代土木工程

近代土木工程的时间跨度为 17 世纪中叶至 20 世纪中叶的 300 年间。这一时期，随着欧洲西方文明的兴起，土木工程从设计理论、材料科学到工程实践都经历了飞速的发展，取得了多项重大成果，为现代土木工程奠定了良好的基础。1638 年，意大利学者伽利略出版了著作——《关于两门新科学的谈话和数学证明》，论述了建筑材料的力学性质和梁的强度，首次用公式表达了梁的设计理论，标志着土木工程进入理论建立阶段。1687 年，英国科学家牛顿的运动定律，奠定了土木工程设计理论的基础，直到现在我们仍然使用牛顿的力学三大定律。瑞士数学家欧拉在 1744 年出版了《曲线的变分法》，建立了柱的压屈理论，得到了柱的临界压力公式，成为土木工程结构稳定问题的计算基础。1825 年，纳维建立了土木工程结构设计的容许应力分析法。19 世纪末，里特尔等人提出了极限平衡的概念，使得土木工程结构设计理论逐渐系统化。

材料科学方面，1824 年，英国人阿斯普丁利用波特兰的火山灰发明了水泥，并取得了水泥的专利权，1850 年开始生产。水泥是形成混凝土的主要材料，水泥的发明使土木工程进入混凝土材料时代。但直到 20 世纪初，有学者发表了有关水灰比的学说，才初步奠定了混凝土强度的理论基础。1859 年，发明了贝塞麦转炉炼钢法，使得钢材得以大量生产，并愈来愈多地应用于土木工程。1867 年，法国人莫尼埃用铁丝加固混凝土制成花盆，并把这种方法推广到工程中，建造了一座蓄水池，从此钢筋混凝土材料形成并广泛应用于土木工程。1875 年，莫尼埃还主持建造了第一座长 16m 的钢筋混凝土桥。

　　1883 年，在芝加哥建造的高达 10 层的保险公司大楼，采用了铁框架（部分钢梁）承受全部大楼里的重力，外墙仅作为自承重墙的结构形式，形成了全新的高层建筑结构，被认为是现代高层建筑结构的开始。1889 年，法国为纪念大革命胜利 100 周年，在巴黎修建了高 300m 的埃菲尔铁塔（图 1 – 11），用钢量约 8 000 吨，是近代高层建筑结构的重要标志之一。

　　1886 年，美国人杰克逊首先应用预应力混凝土制作建筑配件，后又用它制作楼板。1930 年，法国工程师弗涅希内将高强度钢丝用于预应力混凝土，解决了因混凝土徐变造成预应力完全丧失的问题。从此，预应力混凝土在土木工程中得到了广泛应用。

　　与此同时，土木工程中的铁路、公路、桥梁建设亦得到大规模发展，如 1825 年英国人斯蒂芬森在英格兰北部斯多克顿和达林顿之间修筑了世界上第一条长 21km 的铁路。随后，1863 年，英国在伦敦建成了世界上第一条地下铁道；1779 年，英国用铸铁建成跨度为 30.5m 的拱桥；1826 年，英国用锻铁建成第一座跨度为 177m 的悬索桥；1890 年，英国又建成两孔主跨达 521m 的悬臂式桁架梁桥。这样，现代桥梁的三种基本形式（梁式桥、拱桥、悬索桥）相继出现。

　　1906 年美国旧金山大地震和 1923 年日本关东大地震等自然灾害推动了结构动力学和工程抗震技术的发展。

图 1 – 11　埃菲尔铁塔

　　近代时期是土木工程学科形成和快速发展的重要时期，出现了许多代表性的工程，除上面介绍的之外，还有 1931 年建成的纽约帝国大厦和 1937 年建成的旧金山金门大桥等（图 1 – 12），它们的建成对现代土木工程发展影响深远。这一时期学科的基础理论已形成，开始有力学和结构理论做指导；砖、瓦、木、石等建筑材料得到日益广泛的使用，混凝土、钢材、钢筋混凝土以及早期的预应力混凝土出现并得到了一定的发展；施工技术进步很快，建造规模日益扩大，建筑速度大大加快。

(a) 美国纽约帝国大厦 1931 年建成，   (b) 1937 年建成的美国旧金山金门大桥（Golden
102 层，主体结构高 381 m(连塔尖高   Gate Bridge）主跨 1 280 m，一直保持了 27 年世
499 m)，钢结构独领风骚 42 年   界纪录。

图 1 - 12   近代有代表性的土木工程

3. 现代土木工程

现代土木工程始于 20 世纪中叶，第二次世界大战结束，随着战后的经济发展，土木工程迎来了发展的黄金时期。工程规模不断扩大，逐渐向大型化方向发展，结构自重明显减轻，材料耗费不断下降，经济效益显著提高。兴建了许多超高层建筑、大跨度桥梁、特长的跨海隧道、高耸结构等大型工程。

由于不少国家城市人口大量集中，造成城市用地紧张、地价昂贵，迫使建筑物向空间发展，导致高层建筑的大量兴起。在亚洲，各中心城市高层建筑发展更为迅猛。目前，世界上已建成的高层建筑有台北 101 大楼，高 508m，是世界上的最高建筑；吉隆坡的石油双塔大厦（高 450m 图 1 - 13 （a）），上海金茂大厦（高 421m，图 1 - 13 （b））都是高层建筑中的皎皎者。尽管高层建筑暴露了不少的缺点，但现在仍然还有更多的高层建筑正在兴建，高度的记录不久将会被打破。

高速公路的大规模修建和铁路电气化的形成标志着交通运输的高速化，从而导致特大跨度桥梁和长距离海底隧道的不断建成（图 1 - 14）。

随着汽车数量的急剧增多，为了缓解城市交通拥挤、堵塞现象，城市高架公路、立交桥大量涌现，特别是我国的各大城市，近十年来城市交通发生了天翻地覆的变化，主要交叉路口均架设了快速通道。

(a) 石油双塔大厦

(b) 金茂大厦

图 1-13 高层建筑

(a) 日本明石海峡大桥(悬索桥)，1998 年建成，全长 3 910m，主跨 1 990m，连接神户与淡路岛，跨越明石海峡

(b) 江阴长大桥主跨 1385m，主塔高 193 m，主缆走径 86.6 m，长 2200 m

图 1-14 特大跨度桥梁

北京三元立交桥系机动车和非机动车混行的两层苜蓿叶式立体交叉体系，包括 3 座跨线桥和 5 座匝道桥，桥梁总面积约 10 616m²（图 1-15）。

图 1 - 15　北京三元立交桥

　　为解决能源问题，我国兴建了多个大型水利工程项目，出现了长江三峡水利枢纽工程等跨世纪的大型项目（图 1 - 16）。同时地下工程也得到了高速的发展，各地的地下铁道、地下商业街、地下停车库、地下体育场、地下工业厂房以及地下仓库不断兴建。

图 1 - 16　长江三峡工程

1.2 土木工程材料

工程材料是土木工程的物质基础。工程材料既决定了结构物的安全性能，也决定了结构物的造价。土木工程材料的种类很多，按化学成分通常可分为表1-1所示的几大类。

表1-1 建筑材料的分类

工程材料	非金属材料	无机材料	天然石材、烧土制品、胶凝材料、混凝土、砂浆、硅酸盐制品、炭化制品、保温材料、玻璃
		有机材料	植物材料、胶结材料、保温材料、涂料、塑料
	金属材料	黑色金属	碳素钢、合金钢
		有色金属	铝及其合金等

根据材料的使用性能，土木工程材料又可分为结构材料和功能材料两类。结构材料的主要作用是承受各种力的作用，故要求它们具有较好的力学性能。常用的结构材料有：木材、砖石块体、胶凝材料（水泥、石灰、石膏等）、混凝土、钢材以及钢、混凝土复合材料（如钢筋混凝土、钢管混凝土等）等。功能材料是指具有隔热、隔音、防水、装饰等功能的材料，如沥青、复合板等。

土木工程专业主要关心结构材料，不同材料构成的结构体其力学性能差别很大，因此设计、施工方法不尽相同。根据所使用的材料土木工程结构可分为：砌体结构、混凝土结构、钢结构、木结构及混合结构等类型。

1.2.1 混凝土（concrete）

土木工程结构中使用的混凝土一般是由水泥、水、砂（细骨料）及粗骨料（砾石、碎石）按一定的重量比例配合，搅拌成型，结硬后而成的水泥混凝土（图1-17）。此外，还有铺路面、地面用的，由沥青和骨料做成的沥青混凝土等。如非特殊声明，本书中"混凝土"指水泥混凝土。

混凝土属于典型的脆性材料，根据混凝土抗压强度的高低，将混凝土分为不同的强度等级。《混凝土结构设计规范》规定的混凝土强度等级为C15、C20、C25、C30、C35、C40、C45、C50、C55、C60、C65、C70、C75、C80。

这里 C 表示混凝土，后面的数值为标准混凝土试件的抗压强度。

混凝土具有许多优点：可根据不同要求配制各种不同性质的混凝土；凝结硬化前具有良好的塑性，浇筑成各种形状和大小的构件或结构物与钢筋之间产生良好的黏结力，故能制作钢筋混凝土或预应力钢筋混凝土结构构件；具有较高的抗压强度和良好的耐久性能；其组成材料中砂、石等占80%以上，容易就地取材，具有较好的经济性。但混凝土也具有抗拉强度低，受拉时变形能力小，易开裂，自重大，施工工期长等缺点。

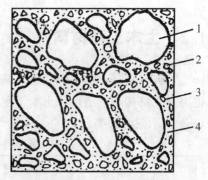

1. 粗骨料；　　2. 细骨料；
3. 水泥浆；　　4. 空隙；

图 1 – 17　混凝土结构示意图

混凝土是土木工程中一种主要的建造材料，工业与民用建筑、给水排水工程、水利工程、海洋工程、地下工程以及桥梁工程等都广泛地应用混凝土来建造。我国是混凝土使用大国，每年的混凝土浇注量达 15 亿立方米。三峡工程2000 年混凝土浇注量达 548.17 万立方米，创混凝土浇注世界记录。

1.2.2　钢材（steel）

钢材是一种优良的土木工程材料，随着我国钢产量的大幅度增加，钢材越来越多地用于工程结构。用于工程结构的钢材最常用的类型有（图 1 – 18）：① 型钢，如角钢、槽钢、工字钢、H 形钢；② 钢板，如薄板、厚板、压型钢板；③ 钢管，如无缝钢管、有缝钢管；④钢筋（直径为 6mm～32mm）；⑤钢丝（直径为 4mm～6mm）。各种型钢、钢板、钢管可以通过焊接、铆接、螺栓连接的方式（图 1 – 19），组成各种形状的截面，做成所需要的各种钢结构。钢筋和钢丝则浇注在混凝土内制作各种钢筋混凝土结构和预应力钢筋混凝土结构。

钢材的优点是材质均匀，其力学性能接近理想的匀质弹性材料；强度高，因此钢结构重量轻；塑性好，故钢结构具有很好的抗震性能；钢结构构件由工厂制作，现场安装，因此施工速度快。但钢结构也存在以下一些缺点：造价高、耐火性差、易于锈蚀、维护费用高等。

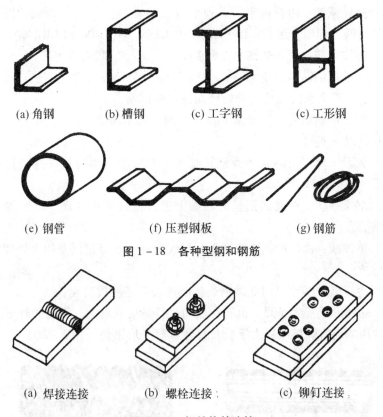

(a) 角钢　　　　(b) 槽钢　　　　(c) 工字钢　　　　(c) 工形钢

(e) 钢管　　　　(f) 压型钢板　　　　(g) 钢筋

图 1-18　各种型钢和钢筋

(a) 焊接连接　　　　(b) 螺栓连接　　　　(c) 铆钉连接

图 1-19　钢结构的连接

　　钢材按其化学成分可分为碳素钢和低合金钢两大类。碳素钢的主要成分是铁和少量的碳（不超过 2%），此外，还含有在冶炼中难以除净的少量杂质（硅、锰、磷、硫、氧和氮等），其中磷、硫、氧、氮等为有害杂质，会影响钢材的力学性能。碳素钢根据含碳量的高低可分为：低碳钢（含碳量小于 0.25%）、中碳钢（含碳量 0.25% ~ 0.6%）和高碳钢（含碳量大于 0.6%）三类。为了提高钢材的强度和改善钢材的其他性能，在碳素钢中加入少量的合金元素，如：硅、锰、钛、钒、铬等，称为低合金钢（合金元素的总含量小于 5%），这些合金元素能提高钢的强度以及改善变形性能。

　　用于钢筋混凝土其结构和预应力钢筋混凝土其结构的钢筋按加工方法可分为下列四类：

（1）热轧钢筋：由低碳钢或普通低合金钢在高温下轧制而成。根据其力学指标的高低分为四个级别：HPB235、HRB335、HRB400 和 RRB400。

（2）冷拉钢筋：由热轧钢筋在常温下用机械拉伸制成的钢筋。

（3）热处理钢筋：由 40Si2Mn、48Si2Mn、45Si2Cr 等合金钢热轧而成的钢筋进行加温、淬火和回火等调质处理而得到的钢筋。

（4）冷轧带肋钢筋：在常温下对热轧钢筋轧制而成。

钢丝有以下四类：

（1）碳素钢丝：用高碳镇静钢轧制成盘圆后经多道冷拔，并进行应力消除、矫直、回火处理而成。

（2）刻痕钢丝：在光面钢丝的表面上进行机械刻痕处理，以增加与混凝土的黏结能力。

（3）钢绞线：由 3 股或 7 股高强钢丝绞盘在一起经过低温回火处理消除应力后制成。

（4）冷拔低碳钢丝：用低碳钢热轧成盘条后经冷拔而成。

钢丝的外形通常为光圆，也有在表面进行刻痕处理的。钢筋的外形除为光圆外，常用的还有螺旋纹、人字纹及月牙纹等变形钢筋（图 1 − 20）。

(a) 光圆钢筋

(b) 人字纹钢筋

(c) 螺纹钢筋

(d) 月牙纹钢筋

图 1 − 20　钢筋的外形

用于钢筋混凝土结构的钢筋（包括钢丝）需用铁丝绑扎或焊接成钢筋网（用于板壳结构），或做成平面或空间骨架（用梁、柱、墙结构），以便于固定在模板中浇注混凝土（图 1 − 21）。

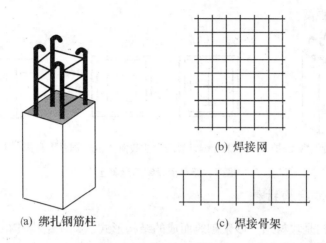

(b) 焊接网

(a) 绑扎钢筋柱　　　　　(c) 焊接骨架

图 1 - 21　各种钢筋骨架形式

1.2.3　钢筋混凝土（reinforced concrete）

钢筋混凝土是由钢筋和混凝土组成的一种复合材料。是目前我国建筑结构中最常用的材料。由于钢筋和混凝土之间具有较强的黏结力，且具有相近的线膨胀系数，故两者能结合在一起共同抵抗外力的作用。图 1 - 22 表示了一钢筋混凝土简支梁内钢筋的配置情况。梁内纵筋承受拉力，箍筋承受剪力，混凝土主要承受压力和剪力。钢筋和混凝土结合在一起，形成了优良的复合材料。利用混凝土的抗压性能，钢筋的抗拉性能承受外荷载，同时混凝土保护钢筋不锈蚀，还提高了钢材的防火能力。钢筋混凝土不仅可以用于制作梁，还可以制作柱、墙、板、基础等构件。

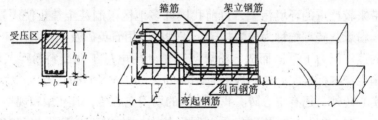

图 1 - 22　钢筋混凝土梁

钢筋混凝土结构中除用柔性钢筋，即上面介绍的各种钢筋和钢丝之外，还可以采用劲性钢材。劲性钢材是指各种型钢、钢轨或用钢板焊成的骨架。用劲性钢材加强的混凝土也称作钢骨钢筋混凝土（见图 1 - 23），能获得比钢筋混凝土更高的强度。

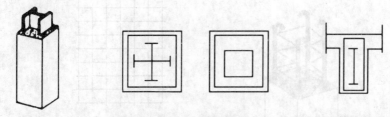

(a) 钢骨混凝土柱　　(b) 钢骨钢盘混凝土柱截面　　(c) 钢骨钢盘混凝土梁截面

图 1 - 23　钢骨钢筋混凝土

1.2.4　砌体结构材料

砌体结构是块材通过砂浆砌筑而成的结构形式。砌体结构具有易于就地取材、价格低廉、施工简便、保温隔热及耐火性能好等优点；但因其强度很低导致结构笨重，且黏土砖与农田争地，逐渐被限制使用；此外，砌体主要用手工在现场砌筑而成，施工劳动量大，砌筑质量不易保证。目前砌体结构主要用于建造中、小型房屋。

1. 块材

块材由石材、黏土、混凝土、工业废料等材料做成，常用的块材主要有以下几种：

（1）砖（brick）：用于建筑结构中的砖有黏土砖和硅酸盐砖。黏土砖是用黏土烧制而成的，有红砖和青砖两种。青砖在土窑中烧制，在窑中经浇水浸闷制成，只能小批量生产，现已较少生产和使用。红砖在旋窑中生产，不需浇水浸闷，可大批量生产。由于黏土砖占用农田，影响农业生产，而且在砖烧制的过程中带来较严重的环境污染，目前我国许多地区限制甚至禁止使用黏土砖。灰砂砖、粉煤灰砖等统称为硅酸盐砖。灰砂砖是用石英砂及熟石灰制坯，在蒸压釜中的蒸汽压力下凝固而成，粉煤灰砖是利用电厂工业废料粉煤灰蒸压制成。我国生产的标准实心砖的规格为240mm×115mm×53mm。

除实心砖外，还有空心砖。我国生产的墙用空心砖，其孔型和规格并不统一（图1-24），孔洞率差别很大。用得较多的有以下三种规格：240mm×115mm×90mm、240mm×180mm×115mm、290mm×150mm×290mm。承重空心砖的孔洞一般是竖向的（图1-24（a）、（b））。水平孔洞空心砖（图1-24（c））则主要用于砌筑自承重墙。

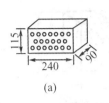
(a)
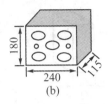
(b)
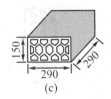
(c)

图 1 – 24 空心砖

（2）石（rock）：用于建筑中的自然石材可分为重岩天然石（重力密度大于 $18kN/m^3$）和轻岩天然石（重力密度小于 $18kN/m^3$）。工程中常用的重岩天然石有花岗岩、砂岩、石灰岩等，轻岩天然石有贝壳石灰岩、凝灰石等。

根据石料的加工程度可分为料石（Ashlar）及毛石（Rubble）两类。料石又分为细料石（经过细加工的石材，其外观规则，表面凹凸深度不大于 2mm，截面宽度、高度不小于 200mm，且不小于长度的 1/3）、粗料石（表面凹凸深度较大，但不大于 20mm）、毛料石（外形大致方正，一般不加工或仅稍予加工修整，高度不小于 200mm）。

毛石中有毛板石、平毛石和乱毛石。毛板石是由成层岩中采得，形状成板状但不规则，有大致平行的两个面，最小厚度不小于 200mm。平毛石形状亦不规则，但至少亦应有二个大致平行的面。乱毛石形状最不规则，最小厚度不小于 150mm，体积不小于 $0.01m^3$，每块质量不小于 25kg。

（3）砌块（block）：制作砌块的材料很多，有混凝土、轻集料混凝土及硅酸盐等。根据所用材料和使用条件的不同，我国当前采用的砌块类型主要有：实心砌块（图 1 –25）、空心砌块（图 1 –26）和微孔砌块。砌块按尺寸的大小可分为小型、大型两种。实心砌块以粉煤灰硅酸盐砌块为主。粉煤灰硅酸盐砌块以粉煤灰、石灰、石膏和骨料等为原料，加水搅拌成型，经蒸汽养护制成。空心砌块以混凝土空心砌块为主。微孔砌块通常采用加气混凝土和泡沫混凝土制成。

2. 砂浆

砂浆由石灰、石膏和水泥等胶凝材料与砂、水混合而成，用以将砌体中的块体连成一体，并抹平块体表面，使块体受力均匀，而且还可以填满块体间的缝隙，减小砌体的透气性。砂浆按其成分可分为：无塑性掺和料的纯水泥砂浆、有塑性掺和料（石灰浆、石膏浆或黏土浆）的混合砂浆、不含水泥的石灰砂浆、黏土砂浆和石膏砂浆等非水泥砂浆。

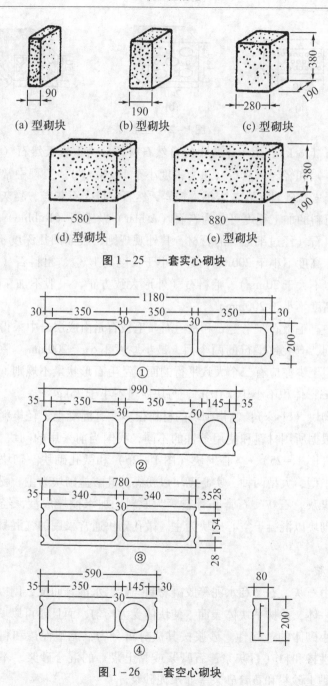

(a) 型砌块　　　　(b) 型砌块　　　　(c) 型砌块

(d) 型砌块　　　　(e) 型砌块

图 1 - 25　一套实心砌块

①

②

③

④

图 1 - 26　一套空心砌块

石灰的主要成分为氧化钙，由以碳酸钙为主要成分的石灰石煅烧而成。石灰只能在空气中硬化并保持其强度，所以石灰为气硬性胶凝材料。石灰除了可配制砂浆用于砌体工程外，在石灰中掺麻刀、纸筋等可用于抹面工程，石灰还可与各种含硅原料制成各种硅酸盐制品，如硅酸盐砌块、灰砂砖等。

水泥（cement）是一种良好的无机胶凝材料。水泥不但能在空气中硬化，还能更好地在水中硬化并保持其强度继续增长，故水泥属水硬性胶凝材料。水泥应用广泛，品种繁多，其中最常用的是硅酸盐水泥。

3. 砌体

砌体中砖、石或砌块的排列应使它们能较均匀地承受外力。为使砌体成为一个整体必须对砌体中的竖向灰缝进行错缝。根据所用块材的不同，砌体有砖砌体（图1－27）、石砌体（图1－28）、砌块砌体（图1－29）、配筋砌体等不同的类型。

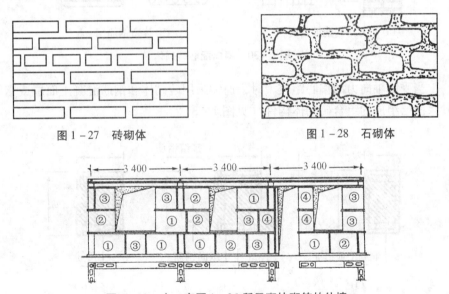

图1－27　砖砌体　　　　　　　图1－28　石砌体

图1－29　由一套图1－26所示砌块砌筑的外墙

在房屋建筑中砖砌体主要用作内外承重墙、围护墙或隔墙。承重墙的厚度根据强度及稳定性的要求确定，外墙则应同时考虑保温隔热的要求。砖砌墙体一般可砌成实心的，实砌标准砖墙的厚度为240mm（一砖厚）、370mm（一砖半厚）、490mm（两砖厚）、620mm（两砖半厚）、740mm（三砖厚）等。

石砌体在产石的山区应用较多。有料石砌体、毛石砌体和毛石混凝土砌体等类型。毛石混凝土砌体是在模板内交替铺置混凝土层和形状不规则的毛石层筑成的。

砌块的排列是砌块砌体设计过程中一个非常重要的环节，砌块排列要求有规律，并使砌块类型最少，并尽量减少通缝，使砌筑牢固。

为提高砖砌体的强度和减小构件的截面尺寸，砌筑时将事先制作好的钢筋网设置在砖砌体水平灰缝内，构成网状配筋，或称为横向配筋砖砌体（图1－30）。

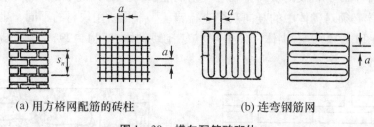

(a) 用方格网配筋的砖柱　　　　　　　　(b) 连弯钢筋网

图1－30　横向配筋砖砌体

当受的轴向力的偏心距较大时，通常采用砖砌体和钢筋混凝土面层或钢筋砂浆面层组成的组合砖砌体构件（见图1－31）。

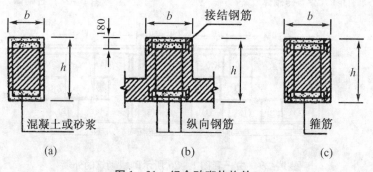

混凝土或砂浆　　　纵向钢筋　　　箍筋

(a)　　　　　　　(b)　　　　　　　(c)

图1－31　组合砖砌体构件

当砖砌体受压构件的截面尺寸受到限制时，可采用砖砌体和钢筋混凝土构造柱组成的组合砖墙（图1－32）。

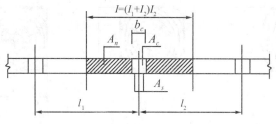

图 1 - 32　砖砌体和构造柱组合墙

1.2.5　木结构材料

木材是一种历史悠久的建筑材料。在土木工程中，木材可用作屋架、梁、柱、门窗、地板、混凝土模板及室内装修等。木材具有强度与容重的比值较高、结构自重轻、制作容易和施工工期短等优点，但也存在易燃、易腐蚀和结构变形大等缺点。由于我国森林资源缺乏，目前除林区外已较少采用木材作为建筑材料。

木材具有显著的湿胀干缩性质。潮湿的木材在干燥的空气中失去水分而体积收缩，反之，干燥的木材在潮湿的空气中吸收水分而体积膨胀。木材的胀缩会导致木材的开裂或翘曲，影响其正常使用。故木材使用前应预先进行干燥处理，使其含水量与周围环境相适应。此外，木材还应作防腐处理，破坏真菌的生存条件和繁殖条件。

工程中所用的木料有两种：圆料和方料。圆木的直径常在 120mm 以上，长度一般在 9m 以内。将圆木纵向锯成两半，称为对开圆木或半圆木。方料有以下几种形式（图 1 - 33）：

（1）大料：两面锯平（图 1 - 33（a））或四面锯平（见图 1 - 33（b）、（c））。

（2）条料：四面锯平，但厚度小于 100mm，宽度不大于厚度的 2 倍（图 1 - 33（d））。

（3）板料：厚度不大于 100mm，宽度大于厚度的 2 倍，其中厚度小于 35mm 为薄板，大于 35mm 为厚板（图 1 - 33（e）、（f））。

木结构的连接有：齿连接（单齿和双齿）、螺栓连接和钉连接等，有时则需加钢板或角钢。

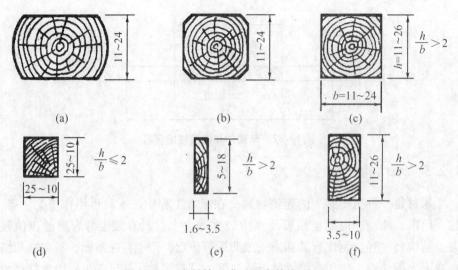

图 1-33　木料的形式（图中单位：cm）

1.2.6　土木工程材料发展趋势

混凝土方面主要向轻质高强方向发展，同时研制各种改性混凝土，满足结构的特殊要求。

提高混凝土强度有多种途径：提高水泥的活性和其他材料的质量；掺用高效能的减水剂；采用真空吸水作业；蒸压养护和加压成型等。减轻自重主要采用轻骨料，如天然轻骨料（浮石、贝壳岩等）、工业废料（如煤矸石、加工的粉煤灰陶粒等）以及人工轻骨料，如黏土陶粒和页岩陶粒等。

国内外研究和采用的改性混凝土可分为以下三类：

（1）纤维混凝土：钢纤维混凝土可提高混凝土的耐磨性和断裂韧性，多用于飞机跑道、桥面板、公路路面和特殊工业楼板；大体积混凝土的维护和修理；开矿和修筑隧道；稳定岩石斜坡以及耐热工程。耐碱玻璃纤维混凝土强度很高，耐久性可达 50 年以上。合成纤维混凝土具有高强度和高韧性等特点，目前北欧使用散乱的和编织的聚丙烯塑料纤维较多。

（2）聚合物混凝土：聚合物混凝土是有机和无机材料复合的新型材料。它分为树脂混凝土和聚合物浸渍混凝土两种。前者强度高、耐腐蚀性强、成型好，主要用于海洋工程、高速公路路面、建筑装修材料、强腐蚀的容器和地墙等。聚合物浸渍可提高混凝土的耐久性、耐腐蚀性和耐磨性，减少透水性，多用于有耐酸或耐碱要求的管道、容器、海洋平台及大坝表面冲刷层等。

（3）套箍混凝土（亦称约束混凝土）：用密排螺旋筋或焊接环筋或横向方格网等置于混凝土中做成。此外，钢管混凝土亦属约束混凝土。约束混凝土具有强度高、延性好等优点，适用于要求具有较好的抗震、抗爆和抗压性能的工程。在高层、大跨和承受重型荷载等工程结构中具有广泛的应用前景。

使用外加剂是改变混凝土工艺，改善混凝土性能，提高混凝土强度，充分利用工业废料和节约能源的重要途径。外加剂的种类有很多，如减水剂、引气剂、缓凝剂、早强剂、防水剂、膨胀剂、防锈剂、防冻剂及黏结剂等等。

随着预应力混凝土应用范围的日益扩大，除了研制生产轻质高强度混凝土外，还应积极生产高强度预应力钢筋，向更高强度、粗直径、低松弛、耐腐蚀和具有适当延性方向发展。此外，还应提高预应力混凝土的生产工艺水平。

对于墙体材料，应积极发展空心砖的生产，提高强度和孔洞率。此外，还应利用工业废料，发展砌块生产。施工方面，则要求采用机械化和工业化方法进行砌体结构施工。

近年来，利用两种材料的优点，将它们组合在一起，做成的组合结构已广泛应用于土木工程各个领域。例如，混凝土和型钢组合做成的压型钢板混凝土楼板、混凝土和各种型钢作成的组合柱或组合大梁；砖砌体和钢筋混凝土组合做成的组合砖柱和墙梁；钢材和木材组合做成的钢木组合屋架等。

第2章 建筑艺术及建筑构造

2.1 建筑艺术

2.1.1 概述

建筑是人们采用天然或人工材料,按照一定的科学原理和艺术法则人为建造起来的空间环境。所谓人为,就是指在建筑的建造过程中需要材料和技术及工人进行建造活动。建筑不但提供人们一个有遮掩的内部空间,同时也产生了一个不同于原来的外部空间。

在土木工程领域中,我们还常见到建筑物和构筑物这样的名词,建筑则是建筑物和构筑物的统称。所谓建筑物,就是具有让人们在其中工作、生活、学习的空间,如常见的住宅、学校、商场等;而构筑物则没有这样的空间,如堤坝、水塔等。

建筑正是以它所形成的各种各样的内部及外部空间,为人们的生活、工作、学习、娱乐等活动提供了多种多样的环境。

建筑的三要素:建筑功能,建筑技术经济条件,建筑形象。

建筑功能是指建筑应满足人们的使用要求。例如,建筑应有舒适的环境,适当的空间和合理的布局,先进、优质和方便的设施等等,让人们在里面居住舒适、工作顺利、休息愉快。

建筑技术经济条件的含意是:建筑是一种技术工程的产物,它和机械、水利等工程一样,是为着某种使用上的目的,而需要通过物质材料和工程技术去加以实现。所以,建筑是一项物质产品,在建造和使用过程中,都需要耗费大量的物质和能源,以及必须提供相关的技术和设备条件。建筑要受到这些技术经济条件的限制。

建筑形象则是指建筑除了满足人们的物质需求,还要满足人们的精神需求,建筑正是以它的形体、色彩、质感和它所构成的空间形式给人以精神上的感受。

建筑既是一种物质产品，又是一种精神产品，这是建筑的两重性。建筑的功能要求是与其他艺术，如绘画、雕塑等所不同的地方。

建筑又是一种立体艺术。建筑的艺术表现即是建筑性质与意义的表达。建筑的功能与技术通过表现而转化为艺术。表现的方式因不同时代、不同地区的历史、地域、传统及文化特征而异，形成明显的表现方式或语言，这种方式或语言在建筑上称为风格。艺术表现的内容包括建筑功能的象征、建筑艺术的表现等。建筑艺术表现的形式多种多样，有空间的体量、方向、构图、尺度、光影、质感、色彩、环境等。

建筑艺术就是建筑的群体组织、建筑的体型、平面布置、立面形式、内外空间和结构、装饰、色彩等多方面的处理形成的综合性艺术。建筑艺术与其他造型艺术一样，主要通过视觉给人以美的感受。

因此，建筑是一门艺术和工程技术结合非常紧密的综合性、实践性学科。一个优秀的建筑师除了要具有建筑科学技术方面的良好训练，还应该具有良好的艺术素质。

2.1.2　建筑艺术的表现手段

和其他造型艺术一样，建筑形象的问题涉及历史文化传统、民族风格、地域环境、经济发展水平以及社会思想意识等多方面因素。在建筑的艺术创作过程中，虽然会受到建筑技术及建筑材料等技术因素的约束及影响，但仍然会遵循一定的建筑形式美学法则，这是建筑的艺术创作与其他艺术创作相通的地方。

建筑物是由基础、墙柱、门窗、屋顶、台基等要素所组成。这些要素具有一定的形状、大小、色彩和质感。而形状（及大小）又可抽象为点、线、面、体，建筑形式美学法则就表述了这些点、线、面、体以及色彩和质感的普遍组合规律。

2.1.3　建筑形式美学法则

不同质感的材料给人的感受不同图 2 - 2 所示。点线、面、体的恰当组合给人以美感、图 2 - 1 所示；建筑形式美学法则主要有以下几点：

1. 统一与变化
建筑物在客观上存在着统一与变化的因素。例如，一幢建筑物中相同使用

图 2 - 1　点线、面、体的组合

图 2 - 2　砌体材料

功能的房间在层高、开间、门窗等采取统一的处理方式；一些建筑的体形基本采取统一的几何形体；中国传统建筑中，屋顶采用坡屋顶的方式，这些都是一些统一的因素。而不同空间的处理方法，组成建筑的不同构件，在外形上采用不同的材料，反映出多样化的形式，这些则是一些变化的因素。在这些客观事物存在着的统一变化的因素中，如何处理它们之间的关系，就成为建筑构图中一个非常重要的内容。

所谓"多样统一"，"统一中求变化"，"变化中求统一"，都是为了取得整齐简洁、有序而不呆板单调、丰富而不杂乱的建筑形象。

在统一变化因素的处理中，必须处理好主与从的关系，使建筑物这个有机统一的整体有一个引人注目的焦点，也就是建筑的重点，如图 2-3 所示。同时，利用不同的对比方法，达到既有变化又有协调统一的艺术效果。

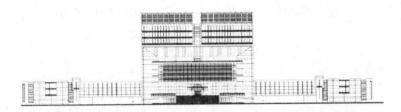

图 2-3　立面造型的主从关系处理实例

2. 均衡与稳定

均衡，主要指建筑前后左右各部分之间的关系，人眼习惯于均衡的组合，它容易给人安定、平衡和完整的感觉。在常见的建筑立面上，左右对称的建筑形式就是均衡的一个典型例子。但并非只有对称才是均衡的，达到均衡的方式还可以有非对称均衡和动态均衡（图 2-4、图 2-5）。

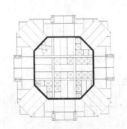
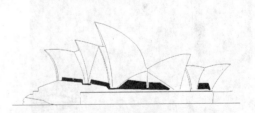

　(a)　上海金茂大厦平面　　　　　　　　(b)　悉尼歌剧院
平现形式以八边形为主，局部有变化　　基本形体相似，又有一定差异，既有统一
　　　　　　　　　　　　　　　　　的连续性，又有一定的形态变化

图 2-4　建筑物均衡实例（一）

稳定，着重考虑建筑整体上下之间的轻重关系，人们习惯的是上小下大的传统的稳定概念，但现在随着新材料、新结构的出现，一些突破传统稳定概念的造型也得到人们喜爱（图 2-6）。

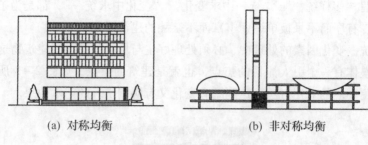

(a) 对称均衡　　　　　　　　　　　(b) 非对称均衡

图 2 - 5　对称与非对称均衡

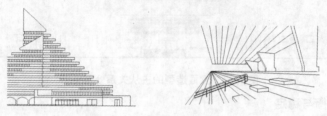

图 2 - 6　传统稳定概念与变化

3. 韵律与节奏

自然界事物或现象呈现出有秩序的变化或有规律的重复，它给人以美的感受，这种美通常称为韵律美。韵律美在建筑艺术表现形式中比比皆是，难怪人们把建筑称为"凝固的音乐"（图 2 - 7）。

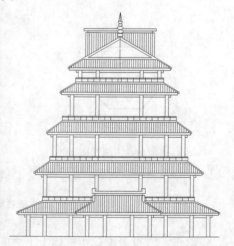

（a）连续的韵律　　　　　　　　　　（b）渐变的韵律

图 2 - 7　韵律与节奏

4. 比例和尺度

所谓比例是指建筑的大小、高低、长短、宽窄、深浅、厚薄等。协调的比例可以给人美的感受，我们在建筑设计中，力求把建筑做到高矮匀称，宽窄适宜（图 2-8）。

(a) 相同比率（利用对角线平等来调节立面设计）　　　　(b) 不同尺度的门

图 2-8　比例与尺度

尺度则涉及具体尺寸大小，正确表达出建筑与人体之间的大小关系和建筑物各部分之间的大小关系，体现出一种人与自然的和谐美。

建筑的形式美学法则不是一成不变的，而是随着时代的发展而发展，人们在建筑形式的不断发展变化中，逐步探索这些法则，并为其注入新的内容。例如，在 20 世纪 20 年代，前苏联出现的"构成主义"，其中的"构成"这一概念经过不断充实、提炼，几乎已成为一切艺术设计的基础。

正确地运用这些形式美学法则，结合自然、环境、社会和经济条件，以及建筑师的个人灵感，利用现代发达的建筑技术手段、方法以及品种繁多、性能各异的建筑材料，我们才会创造出让人们喜爱的建筑产品，为人们的生活、学习、工作提供良好的空间环境。

2.2　建筑构造

2.2.1　建筑构造研究的对象和任务

建筑构造是研究建筑物各组成部分的构造原理和构造方法的一门实践性、综合性学科。

建筑物是由许多部分所组成。在建筑师根据业主要求完成建筑的初步设计，即对建筑的空间构成、体型及形状、色彩与质感进行了概括性地设计之后，并同时需要具体研究各组成部分（建筑构件、配件）的技术设计问题，最终绘出详细的建筑施工图来交付施工。

建筑构造的任务就是综合运用建筑材料、建筑物理、建筑力学、建筑结构、建筑施工以及建筑经济等多方面的技术知识，研究解决建筑构、配件的选型、选材、尺寸、做法、工艺、连接等问题，所以建筑构造设计是建筑施工图设计的主要内容。

2.2.2 建筑物各组成部分及其作用

建筑物由基础、墙和柱、楼地面、楼梯、屋顶、门和窗这六大部分组成（图2-9）。

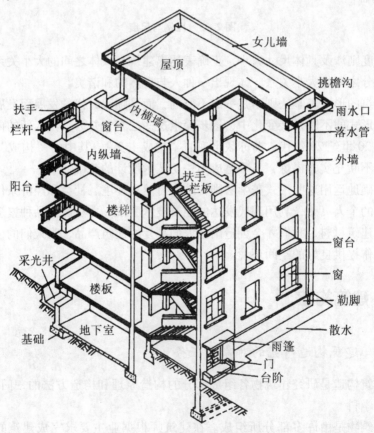

图2-9 建筑物的构造组成

1. **基础**

基础是房屋底部与地基接触的承重构件，它承受房屋上部的荷载并将其传给地基。因此，基础必须坚固、稳定、持久。

2. **墙和柱**

墙是建筑物的承重构件和围护构件。作为承重构件，墙体承受建筑屋顶或楼板层传来的荷载，并将这些荷载传给基础；作为围护构件，外墙要抵御自然界各种因素对室内的侵袭作用，内墙起分隔空间的作用。因此，必须要求墙体具有足够的强度、稳定性、保温、隔热、隔声、防火、防水等性能。

柱是框架或排架结构的主要承重构件，和墙一样，必须承受屋顶和楼板层传来的荷载，它同样必须具有足够的强度和刚度。

3. **楼地面**

楼板层是建筑物水平方向的承重结构，并在竖向分隔建筑物内部空间。它支承着人和家具等设备的荷载，并将这些荷载传递给墙或柱，它应有足够的强度和刚度及隔声、防火、防水、防潮等性能。地面是指建筑底层的地坪，地面应具有均匀传力、防潮、坚固、耐磨、易清洁等性能。

4. **楼梯**

楼梯是建筑物的垂直交通工具，作为人们上下楼层的通道。楼梯应有足够的通行能力，并做到坚固和安全。

5. **屋顶**

屋顶是房屋顶部的围护构件，主要是为了抵抗风、雨、雪的侵袭和太阳辐射的影响。同时，屋顶又是房屋的承重结构，承受屋面雨、雪及人流活动等各种荷载，屋顶应坚固耐久，具有良好的防水及保温隔热性能。

6. **门和窗**

门主要用来通行人流，窗主要用来采光和通风。处于外墙上的门窗又是围护构件的一部分，应考虑防水和热工要求。

除上述六部分以外，建筑物还有一些附属部分，如阳台、雨棚、台阶等等，也是需要在构造设计中考虑的内容。

2.2.3 影响建筑构造的因素和设计原则

1. **影响建筑构造的因素**

外界环境的影响：外界环境的影响是指自然界和人为的影响。

（1）外界作用力的影响。外界作用力包括人、家具和设备的重量、结构自重、风力，这些直接作用力通称为荷载。除此之外，还有地震等间接作用对结构产生影响。荷载和地表作用对结构类型和构造方案的选择以及进行细部构造设计都是重要的依据。

（2）气候条件的影响。如日晒雨淋、风雪冰冻、地下水等。对于这些影响，在构造上必须考虑相应的防护措施，如防水防潮、保温隔热、防温度变形等。

（3）人为因素的影响。如火灾、机械振动、噪声等的影响，在建筑构造上应采取防火、防振和隔声的相应措施。

（4）建筑技术条件的影响。建筑技术条件指建筑材料技术、结构技术和施工技术等。随着这些技术的不断发展和变化，建筑构造技术也在变化。例如，砖混结构构造不可能与木结构构造相同，同样钢筋混凝土结构也不可能和其他结构的构造完全一样。所以，建筑构造做法不能脱离一定的建筑技术条件而存在。

（5）建筑标准的影响。建筑标准所包含的内容较多，与建筑构造关系密切的主要有建筑的造价标准、建筑装修标准和建筑设备标准。标准高的建筑，其装修质量好，设备齐全且档次高，建筑的造价也较高，反之则较低。建筑构造的选材、选型和细部做法无不根据标准的高低来确定。一般来讲，大量民用建筑多属一般标准的建筑，构造方法往往也是常规的做法；而大型公共建筑，标准则要求高些，构造做法也要复杂一些。

2. 建筑构造的设计原则

影响建筑构造的因素有很多，在构造设计时就要同时考虑这些问题，有时错综复杂的矛盾交织在一起，设计者只有根据以下原则，分清主次和轻重，权衡利弊而求得妥善处理。

（1）坚固实用。在构造方案上首先应考虑坚固实用，保证房屋在合理的使用期限内的整体刚度，要安全可靠、经久耐用。

（2）技术先进。建筑构造设计应该从材料、结构和施工三方面引入先进技术，但是必须注意因地制宜，不能脱离实际。

（3）经济合理。建筑构造设计处处都应考虑经济合理性，在选用材料上应就地取材，注意节约钢材、水泥、木材等材料，并在保证质量前提下降低造价。在注重建造成本的同时，还必须注重建筑物的使用成本，做到节约能源，让建筑业持续发展。

（4）美观大方。建筑构造设计是初步设计的继续和深入，建筑要充分体现设计者的艺术再现，构造设计是非常重要的一环。从材料的选择，构、配件尺度大小的控制，色彩的运用，都要与建筑的美观相协调。

建筑构造设计的最后结果，是以建筑施工图的方式表达出来，建筑施工图则是建造建筑产品的最重要的依据之一，是建筑产品设计的具体化。在施工图中，建筑设计师用图的形式清楚地注明建筑产品的形状、大小、尺寸，所采用的材料、构造的形式、构造的层次，各构件的连接及组合方式，并以此为据进行施工。

第3章　建筑结构

　　房屋工程是典型的建筑工程，它包括拟建房屋的规划、勘察、设计（含建筑设计、结构设计和设备设计等方面）和施工等过程，目的是为人类生活和生产提供空间。任何一个房屋工程首先应该实用，即要求其具有坚实可靠的结构，有宽敞的空间和舒适的环境，有先进、方便的使用设施。另外，还要美观和经济，美观是房屋在建筑艺术方面的要求；经济是指用尽可能少的资金、材料和人力，在尽可能短的时间内完成房屋的建造，使之尽快地为人类服务。

　　为了便于理解建筑工程的设计过程，可以将房屋比成一个人，它的布局、外形设计和艺术处理相应于人的容貌、气质及穿着打扮，由建筑师负责完成，属于建筑学范畴；它的内部结构好比人的骨架，由结构工程师负责完成其设计，属于建筑结构的范围；它的给水排水、供热通风和电气等设施如同人的器官、神经，由设备工程师负责设计，属于给排水和暖通专业的范围。

　　土木工程中的一个重要方向是处理房屋工程中的勘察、结构设计和施工，土木工程专业培养的是勘察工程师、结构工程师和建造师。

　　勘察主要解决以下几方面的问题：勘察测量房屋所在地段的地质和地形；提供地质资料、地形图；提出对房屋结构和基础设计的建议；提出对不良地基的处理意见。结构工程师主要完成以下几方面的工作：选用合理的结构体系和结构型式；确定房屋结构所承受的荷载，并合理地选用结构材料；解决好结构承载力、变形、稳定、抗倾覆等技术问题；解决好结构的连接构造和施工方法问题。最后由施工单位完成建造：施工组织设计和施工现场布置；确定施工技术方案和选用施工设备；购置、检验建筑材料，组织熟练技工和劳动力施工；监测施工质量和确保施工进度。

　　本章就建筑结构的组成、建筑结构上承受的荷载、结构设计的基本要求、结构构件类型及其他的建筑结构形式等方面作简略的介绍。

3.1　建筑结构的组成

　　建筑结构是房屋的骨架，该骨架由若干个构件通过一定连接方式构成整体，能承受并传递各种荷载和间接作用。按所采用的材料，建筑结构可分为砌体结构（砖混结构）、钢筋混凝土结构、钢结构及组合结构等。根据房屋的规模及用途，建筑结构有单层厂房、多层轻工业厂房、多层民用建筑、高层建筑、大跨度结构之分。本节通过介绍几种典型建筑结构的组成情况，来帮助读者了解建筑结构的含义。

3.1.1　梁板结构

由板和支承板的梁组成的结构称为梁板结构，例如，房屋建筑中的楼盖、屋盖、雨篷、楼梯、阳台及筏板基础等。

根据所使用的材料不同，架板结构可分为钢筋混凝土梁板结构和钢梁板结构，图 3 – 1 为一钢结构的梁板结构的组成。

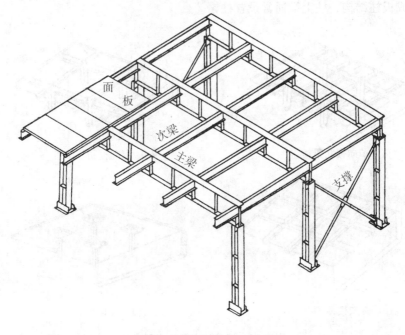

图 3 – 1　钢结构的采油平台

根据结构形式的不同，楼盖又有单向板肋梁楼盖、双向板肋梁楼盖、无梁楼盖和井式楼盖之分（图 3 – 2）。单向板肋梁楼盖一般由板、次梁和主梁组成，次梁承受板传来的荷载，并将荷载传递到主梁上，主梁作为次梁的支点承受次梁传来的荷载，并将荷载传递给主梁的支承（柱或墙）。

楼板承受竖向荷载，当板面尺寸较大时，梁将板划分为若干个板区格。每一区格一般都有梁或墙支承，对于两对边支承的板，竖向荷载将通过板的受弯传到两对边的支承梁或墙上。对于四边支承的板，竖向荷载将通过板的双向受弯传给四周的支承，荷载向两个方向传递的多少与两个方向边长的比值有关。在工程设计中，当长短边的比值大于 3 时，近似认为荷载主要沿短边方向传给支承构件，而沿长边方向传递的荷载很少，可以略去不计。这种主要沿短跨受弯的板称为单向板。反之，两个方向均受弯的板称为双向板。

有时为了建筑上的需要，用梁将板划分成若干个正方形或接近正方形的小区格，两个方向的梁没有主次之分，都直接承受板传来的荷载，这种楼盖称为井式楼盖。不设梁，而将板直接支承在柱上的楼盖称为无梁楼盖。无梁楼盖与柱构成板柱结构，柱上端通常设置柱帽。

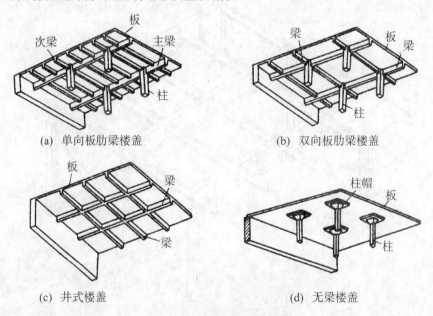

(a) 单向板肋梁楼盖 (b) 双向板肋梁楼盖

(c) 井式楼盖 (d) 无梁楼盖

图 3-2 楼盖的主要结构型式

根据施工方法的不同，梁板结构还可分为现浇式、装配式、装配整体式三种类型，见图 3-3。相比之下，现浇楼屋盖整体性好，刚度大，抗渗性好，易于适应各种特殊情况。如平面形状不规则、有较重的集中设备、有较复杂的孔洞等特殊情况，可采用现浇式。但由于现浇式是在现场支模和铺设钢筋，故混凝土浇注和养护劳动量大，且工期长。装配式楼屋盖由预制构件在现场安装、连接而成，故能节省劳动力、加快施工速度，便于工业化生产和机械化施工，但结构的整体性和刚度较差，主要用于多层住宅中。装配整体式楼屋盖是将预制梁或板（包括叠合梁、叠合板中的预制部分）在现场吊装就位后，通过整结措施和现浇混凝土构成整体。装配整体式的楼屋盖，整体性和刚度比装配式好，比现浇式支模工作量少，但其焊接工作量往往较大，而且需要二次浇注混凝土。

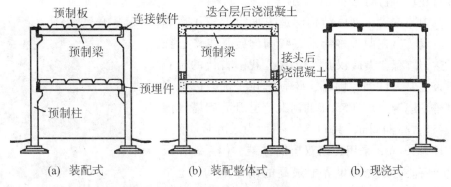

图 3-3　钢筋混凝土楼盖的施工方法

　　楼层间垂直联系则需借助楼梯，楼梯亦为梁板结构，图 3-4 所示。常见的结构型式有梁式、板式、剪刀式和螺旋式。

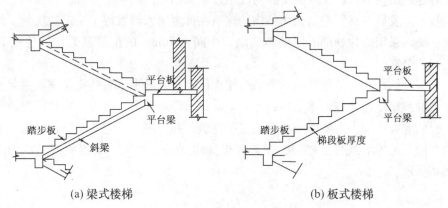

图 3-4　楼梯的结构型式

3.1.2　砌体结构

砌体结构系指采用砖、石、混凝土砌块等块体通过砂浆砌筑而成的结构。由于我国过去采用砖石材料较多，故又习惯称作砖石结构。

砌体结构是人类最早采用的建筑结构形式之一。建于公元前2700年（至公元前2600年）的埃及胡夫金字塔，是一座用230万余块石头砌垒起来高达146.6m的伟大建筑。建于公元537年的位于伊斯坦布尔的索菲亚大教堂，是一座用砖砌球壳（直径约30余米，壳顶离地约50余米）和石砌半圆拱组成的砖石建筑。它们至今完好无损。

中国古代在砌体结构建造方面也取得了辉煌的成就。早在两千多年前，我国的砖瓦生产已很发达，故有"秦砖汉瓦"之称。我国古代的砖石建筑主要为城墙、佛塔、砖砌穹拱、佛殿以及石拱桥。建于公元1055年的河北定县开元寺塔（图3-5），高84.2m，共11层，平面为八边形，底部边长为9.8m，采用砖砌双层筒体结构体系，梯级设于塔心，是当时世界上最高的砌体结构，也是中国现存最高佛塔。全塔简洁无华，以比例匀称见长，是造型优秀的作品之一。

图3-5　河北定县开元寺塔

直至今天，砌体结构仍然是应用非常广泛的一种建筑结构形式，大量的工业与民用建筑采用砌体结构。随着砌体材料、建筑技术的发展，高层配筋砌体结构的建造在许多国家都取得了一定的成就。例如，美国采用两片90mm厚的单砖墙，中间夹70mm的配筋灌浆层，建成21层高的公寓。

混合结构通常是指竖向承重结构用砌体砌筑、水平承重结构用钢筋混凝土制作的房屋结构。若砌体是砖砌体，则常称为砖混结构。砖混结构是应用最为广泛的混合结构，主要用于单层或多层建筑，如厂房、住宅等。混合结构一般由基础、砌体墙或柱、楼盖、屋盖和楼梯组成承重骨架，其房屋的组成如图3-6所示。

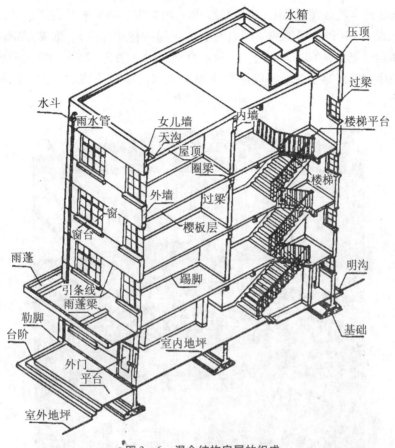

图 3 - 6 混合结构房屋的组成

3.1.3 单层厂房

单层厂房与多层厂房和多层民用建筑相比,具有以下特点:厂房内可采用水平运输,设计时应考虑所采用的运输工具的通行问题;对各种类型的工业生产具有较大的适应性,如冶金、矿山、机械制造、纺织、交通运输和建筑材料等工业部门;可充分利用地基的承载力布置大型设备;可利用屋盖设置天然采光和自然通风设施;单层厂房占地多。

单层厂房的规模可用厂房的跨度、高度、吊车额定起重量来衡量。厂房跨度不到 15m,高度低于 8m,吊车吨位小于 50t,无特殊要求的为小型厂房,通常用带壁柱砖墙、钢筋混凝土屋面梁(屋架)或木屋架或轻钢屋架组成的混合结构。吊车吨位超过 25t，跨度超过 36m 的大型厂房或有特殊工艺要求的厂房（如设有 10t 以上锻锤的车间以及高温车间的特殊部位），通常用钢筋混凝土柱和钢屋架组成的混合结构，或采用全钢结构（图 3 - 7）。中等规模的厂房通常采用钢筋混凝土柱、钢筋混凝土屋架（屋面梁）组成的装配式钢筋混凝土结构。

图 3 - 7 全钢结构的单层厂房

单层厂房通常由以下几部分结构组成，见图 3 - 8。

（1）屋盖结构：由屋面板（包括天沟板）、屋架或屋面梁（包括屋盖支撑）组成，有时还设有天窗架和托架。分无檩（大型屋面板直接支承在屋架或屋面梁上）和有檩（小型屋面板支承在檩条上，檩条支承在屋架上）两种屋盖体系。屋面板起覆盖、围护作用，屋架或屋面梁承受屋盖自重和屋面活荷载，并将它们传至排架柱。天窗架是为了设置供通风、采光用的天窗。

（2）横向平面排架：由横梁（屋架或屋面梁）和横向柱列（包括基础）组成。厂房结构承受的竖向荷载（结构自重、屋面活荷载和吊车竖向荷载）

以及横向水平荷载（风荷载、吊车横向水平荷载和横向水平地震作用等）主要由横向平面排架承受并传至地基。

（3）纵向平面排架：由纵向柱列（包括柱下基础）、连系梁、吊车梁和柱间支撑组成，其作用是保证厂房结构的纵向稳定性和刚性，并承受纵向风荷载、纵向吊车荷载、纵向水平地震作用及温度应力等。

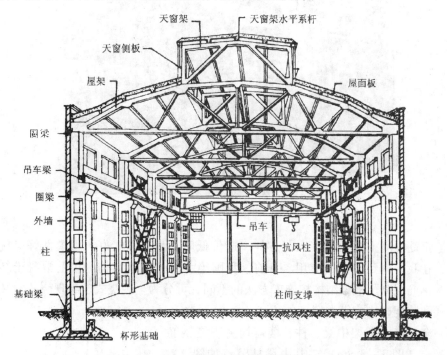

图 3－8　单层厂房结构组成

3.1.4　框架结构

由梁、柱组成的结构称为框架结构。框架结构的最大优点是建筑平面布置灵活，可以做成有较大空间的会议室、餐厅、车间、营业厅、教室及写字楼的办公室等，需要时也可以用隔断分隔成小房间。

1. 框架结构的分类

框架结构按所用的材料的不同，可分为钢结构和钢筋混凝土结构。钢框架结构一般在工厂预制钢梁、钢柱，运送到现场再拼装成整体框架，具有自重轻、抗震（振）性能好、施工速度快、机械化程度高等优点，如图 3－9 所示。但具有用钢量大，造价高，耐火性能差、维护费用高等缺点。

图3-9 钢框架结构的施工现场

钢筋混凝土框架因其取材方便、造价低廉、耐火性能好、可模性好等优点，在我国得到广泛的应用。目前，我国绝大部分框架结构为钢筋混凝土结构。钢筋混凝土框架结构按施工方法的不同，可分为全现浇式、半现浇式、装配式和装配整体式等类型。

全现浇式框架中梁、柱、楼盖均为现浇钢筋混凝土（图3-3（c）），其中梁柱节点如图3-10所示。半现浇式框架是指梁、柱为现浇，楼板为预制，或柱为现浇，梁、板为预制的结构。装配式框架是指梁、柱、楼板均为预制，在现场通过焊接拼装成整体的结构（图3-3（a）），因其整体性差，抗震能力弱，不宜在地震区使用。装配整体式框架是指梁、柱、楼板均为预制，吊装就位后，焊接或绑扎结点区的钢筋，通过浇注混凝土形成框架节点，从而将梁、柱、楼板连成整体框架结构（图3-3（b））。

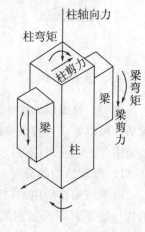

图3-10 现浇梁柱节点连接

2. 框架结构布置

框架柱的纵向和横向定位轴线（几何中心线）在平面上排列形成的网格，称为柱网（图 3 – 11）。柱网的布置既要满足生产工艺和建筑平面布置的要求，又要使结构受力合理，施工方便。

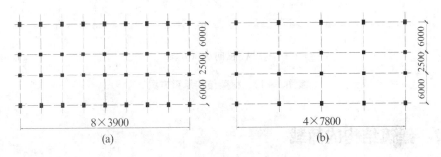

图 3 – 11　框架结构的柱网

柱网尺寸一经确定，便确定了柱子的平面位置。用梁将柱联系起来，就形成了框架结构。由于两个方向都有梁拉结，实际的框架是一个空间受力体系。结构计算时，通常为简便起见，将框架看成是纵横两个方向的平面框架。沿建筑物长向的框架称为纵向框架，沿建筑物短向的框架成为横向框架。按楼板布置方式的不同，框架结构有三种承重方案（图 3 – 12 所示）：横向主框架承重（楼板支承在横向框架梁上）；纵向主框架承重（楼板支承在纵向框架梁上）；双向框架承重（楼板支承在两个方向的框架梁上）。

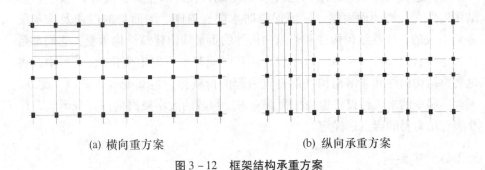

(a) 横向重方案　　　　　　　　(b) 纵向承重方案

图 3 – 12　框架结构承重方案

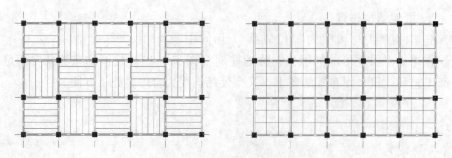

(c)纵、横向承重方案

续图 3 – 12　框架结构承重方案

3.2　建筑结构的荷载

　　土木工程要解决的问题是能抵抗自然或人为的作用。结构上的作用即指能使结构产生效应（内力、变形、应力、应变、挠度、裂缝等）的各种原因的总称，引起这些效应的有地球万有引力、风、地震、温度变化、混凝土收缩、焊接影响及地基不均匀沉降等。"作用"按其作用的方式可分为直接作用和间接作用。以"力"的形式出现的直接作用即为工程界习称的荷载。结构设计时，不仅要确定有哪些荷载作用于结构上，而且要定量确定其大小。

3.2.1　恒载

　　房屋建筑是由承重的结构构件（如基础、柱、墙、梁、板等）和一些非结构构件（如楼地面面层、屋面保温防水层、顶棚、墙面上的门窗及抹灰层等）组成的。这些结构构件和非结构构件的重量均由建筑结构承受，它们都是持久存在着的荷载（荷载的大小和方向随时间基本不发生变化），工程中，将这些由结构构件和非结构构件的自重引起的荷载称为恒载或永久荷载。此外，工业厂房中的永久性设备也应按恒载考虑。恒载的大小根据构件自身形状、尺寸和选用材料的容重来确定。

3.2.2　可变荷载

　　建筑结构除了承受恒载外，还承受人群、家具、贮存物、设备、积雪、工业厂房中的吊车等可变荷载,其作用的位置和数量均可随时间而改变。实际结构设计时可变荷载应按国家标准《建筑结构荷载规范》所规定的取值确定。

3.2.3　风荷载

恒载和可变荷载对结构的影响都是静力影响,即仅在结构中产生内力和变形。但有些作用的大小或方向会随时间发生急剧快速的变化,如撞击、爆炸等,此时结构除产生内力和变形外还会导致结构的运动状态随时间发生改变,这种影响称为动力影响。

风作用是不规则的,风对建筑物的影响会随风速、风向的紊乱变化而不停的改变。建筑物在这种波动风压作用下会左右晃动。风载波动是周期性的,基本周期往往很长,有时甚至超过 60 秒,一般多层钢筋混凝土房屋的自振周期大约为 0.4s ~ 1s,两者相差很大,故风对一般多层房屋造成的动力效应不大,可按静载考虑。

风荷载的大小与下列的因素有关:建筑物所在地区近地风的性质、风速、风向;建筑物所在地的地貌及周围环境;建筑物本身的高度、形状及表面状态。图 3 - 13 表示流动的风对建筑物的影响情况,其中正号表示建筑物该面承受压力,负号表示该面承受的吸力。《建筑结构荷载规范》根据上述主要影响因素,给出了风荷载的计算方法。

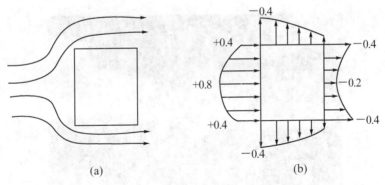

(a)　　　　　　　　　　(b)

图 3 - 13　流动的风对建筑物的影响

3.2.4　地震作用

地壳的突然断裂或错动,将以地震波的形式传到地面,引起地面运动,这就是地震。地震引起的地面运动通过房屋基础影响上部结构，使房屋产生振动，称之为地震作用。常说的震级是地震强弱的级别，以震源处释放能量的大小来确定。2004 年 12 月 26 日上午在印度尼西亚苏门答腊岛附近海域发生里氏8.9 级地震，并引发海啸，导致巨大的人员伤亡。1960 年智利大地震为 8.6级，1976 年唐山大地震为 7.8 级。

1999 年 9 月 21 日凌晨 1 时 47 分，台湾省南投县发生 7.6 级大地震，震源深度 10 千米左右，重灾区在日月潭地区。该次地震由断裂带错动引起，导致死亡 2 329 人，伤 8 722 人，失踪 39 人，倒塌各种建筑物 9 099 栋，受灾人口250 万，财产损失 92 亿美元。

图 3 – 14 为台湾乌溪桥的震后情况，乌溪桥为钢筋混凝土桥梁，其桥墩为钢筋混凝土短柱，因其在地震作用下承受较大剪力，故发生了剪力破坏，出现张力裂缝。漳化县员林镇邦富贵名门大楼坐落在中山路惠明街口，为 16 层钢筋混凝土集合住宅大楼。地震时其中一栋倾倒在一栋平面呈 L 型平面大楼上，如图 3 – 15 所示。造成倾倒的原因是底层柱子数量少，柱间距（7m ~ 9m）太大。图 3 – 16 为台中县大理寺的"台中奇迹"被 9.21 大地震震倒的情形。这场撼天动地的巨大地震不仅震坏了无数的土木工程建筑，改变了断层所经之处的地貌，同时也摧毁了无数的家庭。通过以上一些典型灾害的实例，人们对大自然的力量有更深的体会，也使现代人产生更多的反思。

图 3 – 14　台湾乌溪桥的破坏情况

图 3 - 15　漳化县员林镇邦富贵名门大楼

图 3 - 16　台中县大理寺的"台中奇迹"

　　地震烈度是某一地区地面和建筑物遭受一次大地震影响的强弱程度。一次地震只有一个震级，但有许多个烈度区。这就像炸弹爆炸时不同距离处和不同的对象有不同的破坏情况一样。烈度与震级、震源深度、震中距、地质条件及房屋类别等因素有关（图 3 - 17）。唐山大地震时，震中区域的烈度为 11 度，房屋普遍倾倒；唐山市内为 10 度，许多房屋倾倒；天津市内为 8 ~ 9 度，大多数房屋损坏甚至破坏,少数倾倒;北京市内为 6~7 度,有些房屋出现裂缝,有些房屋有轻微破坏。

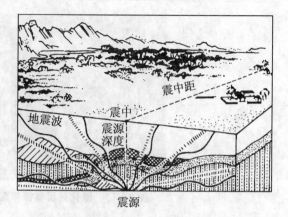

图 3-17 震源、震中、地震波、震中距

地震波使房屋产生竖向振动和水平振动,地震作用使房屋产生的运动称为该房屋的地震反应,包括位移、速度、加速度。根据牛顿第二定律,这种加速度反应值与房屋本身质量的乘积即为地震对房屋的作用力。当地震波的周期成分与建筑物的自振周期接近时,动力效应很大。可通过动力计算得到上述反应值。地震作用的大小与房屋质量、房屋的动力特性及地面运动的强烈程度有关。对北京地区一幢 8~9 层用砖填充的框架结构来说,它的总水平地震作用约为其总自重的 0.05~0.08 倍。

在进行建筑设计时,应根据建筑的重要性不同,采取不同的抗震设防标准。抗震设防是指对建筑进行抗震设计,包括地震作用、抗震承载力计算和抗震构造措施,以达到"小震不坏、中震可修、大震不倒"的抗震效果。

3.2.5 由混凝土收缩、温差和地基不均匀沉降引起的内力

新浇混凝土在硬结过程中收缩,昼夜温差、室内外温差和季节性温差使得已建成的建筑结构受热膨胀、受冷收缩,当这些变形受到约束时,就会在结构内部产生应力。在

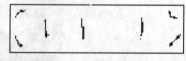

图 3-18 屋盖裂缝

建筑物的屋顶板中经常可看到如图3-18所示的裂缝,这是因为顶层直接受日照的影响,温度变化剧烈,收缩或膨胀量较大,当楼板的变形受到墙、柱的约束时,在楼板中会产生拉应力或压应力,严重时会导致裂缝的出现。同理,房屋因地基土质不均发生不均匀沉降时,也会在结构构件中产生内力(图3-19)。

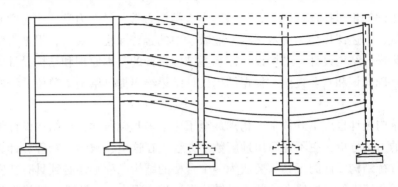

图 3 - 19　不均匀沉降引起的效应

3.3　结构分析和结构设计

建筑结构的形式多样，比如，有砌体结构、钢筋混凝土结构、钢结构等由不同材料构成的结构形式，还有由于构件不同组合方式导致的各种结构型式，但不论是哪一种结构，在结构设计过程中都存在以下共性的问题需要解决：如何确定作用在结构上的各种荷载；所采用建筑材料的强度如何取值；所设计的结构应具有何种功能；衡量结构安全可靠的标准是什么，等等。不同材料的结构或不同的结构型式在具体设计过程中又有其自身的特点，这些都将在后续不同的课程中分别进行介绍。

1. 结构设计的基本原则

建筑结构设计的目的是使所设计的结构能够完成规定的各项功能要求，并具有足够的可靠性，且造价越低越好。建筑结构的功能要求具体表现为：

（1）安全性：结构在各种荷载作用下不能发生破坏；

（2）适用性：结构应能满足正常的使用要求，如不发生过大的变形，不出现过宽的裂缝等；

（3）耐久性：建筑结构应具有一定的使用寿命。

2. 结构分析和结构设计

结构设计是一个复杂的过程。首先，应根据建筑师提供的建筑设计和地质条件确定合理的结构形式。然后，对采用的结构形式建立既符合实际情况又能方便计算的计算模型，用力学、数学等基础课中学到的知识对计算模型进行力学分析。其中涉及的数学知识包括微积分、线性代数、数值分析和概率统计等，力学知识包括理论力学、材料力学、结构力学、弹性力学、土力学和流体力学等，上述课程均为土木工程专业教学中的必修课程。最后，根据力学分析的结果进行结构设计，结构设计需掌握结构设计的基本原理和结构设计方法等专业基础知识和专业技能，根据结构设计结果绘出提供给施工单位的结构施工图。

结构设计也离不开数学、物理甚至于化学等基础科学，但结构设计绝不是简单的力学分析，更不是简单地解数学方程。在这里，数学、物理、计算机仅仅是进行结构设计的工具，要成为一个合格的结构工程师还必须具有扎实的力学知识和清晰的结构概念。此外，结构设计带有很大的实践性，结构设计离不开大量的科学实验，更离不开古往今来无数的工程实践经验。

结构设计也不是简单地生搬硬套，更多的是需要设计者熟练运用各种基础和专业知识，充分发挥自己的想象力和创造力设计出富有创意的又合乎力学规律的结构。

3.4　结构构件

房屋结构一般由下列主要构件组成。

3.4.1　板

板的长、宽两个方向的尺寸远大于其高度（也称板的厚度）。板主要承受施加在板面上并与板面垂直的重力荷载，包括楼板、地面层、顶棚层等恒载和楼面上人群、家具、设备等

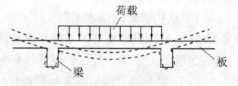

图 3 - 20　板的受弯情况

活载。板在上述荷载作用下的荷载效应主要为受弯，见图 3 - 20，故需进行正截面受弯承载力计算，以此来确定所需材料的截面面积。目前应用较多的是钢筋混凝土和预应力钢筋混凝土板。钢筋混凝土板可以和梁现浇成整体，见图 3 - 21（a）所示，也可以采用预制板，见图 3 - 21（b）~（f）所示，常用的预制板的截面形式如图 3 - 22 所示。此外，木板、钢板及钢板和钢筋混凝土组合板也有一定的应用。

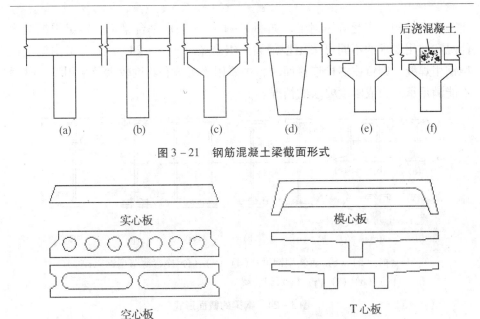

图 3 – 21　钢筋混凝土梁截面形式

实心板

模心板

空心板

T 心板

图 3 – 22　常用预制楼板的截面形式

3.4.2　梁

梁的截面高度和宽度尺寸远小于其长度尺寸，主要承受梁本身的自重和板传来的荷载，荷载作用方向与梁轴线相垂直。其荷载效应主要为受弯和受剪，故需进行受弯和受剪承载力计算。按所用的材料分，梁包括钢筋混凝土梁、预应力钢筋混凝土梁、木梁、砖砌过梁、钢梁以及型钢和钢筋混凝土组合梁等。

钢筋混凝土梁的截面形式常见的有矩形、T 形、I 形、十字形、花篮形等（图 3 –21），其中钢筋的配置情况见图 3 –23。设计梁时，不仅要确定其截面尺寸，而且要确定各种钢筋的截面面积、形状、长度及在混凝土中的布置情况等。

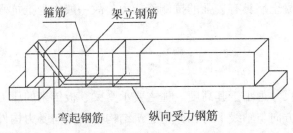

图 3 – 23　钢筋混凝土梁中的配筋情况

在钢结构中广泛应用钢梁，如图 3－1 中的工作平台梁格。钢梁根据受力情况和使用要求的不同可采用型钢梁和组合梁（图 3－24）。组合梁由钢板或型钢用焊缝、铆钉或螺栓连接而成，主要用于荷载和跨度较大及采用型钢截面不能满足承载力或刚度要求的情况。

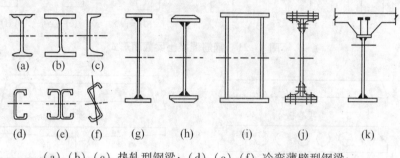

（a）（b）（c）热轧型钢梁；（d）（e）（f）冷弯薄壁型钢梁；
（g）（h）（i）（j）（k）组合梁

图 3－24　钢梁的截面形式

3.4.3　墙

墙的长、宽两方向的尺寸远大于其厚度见图 3－6。墙一般为砌体墙，根据需要也可采用钢筋混凝土墙，因其具有较强的抗剪刚度又称剪力墙。建筑物中的砌体墙有承重墙和自承重墙之分。承重墙除承受其本身的自重外，还要承受梁、板传来的压力，荷载作用方向与墙面平行，是建筑结构中的竖向受力构件。其荷载效应主要为受压，有时还可能受弯（当荷载作用线偏离墙体的形心轴线时）。对于承重墙，主要验算其受压承载力，对于梁搁置在墙上的情况还需验算梁下墙体的局部受压承载力。自承重墙在建筑物中主要起围护和分隔作用，只承受其自身的重量，主要根据保温隔热、隔声的要求来确定其厚度。

因钢筋混凝土墙具有较强的抗侧移能力，故一般作为抵抗水平力的结构用于高层建筑。

3.3.4　柱

柱的截面尺寸远小于其高度。柱主要承受梁、板传来的压力及柱本身的自重，荷载作用方向与轴线平行，亦为建筑结构中的竖向受力构件。当荷载作用于柱截面形心时，为轴心受压；偏离截面形心时，为偏心受压，见图3－25。

柱中的荷载效应除受压以外，还受弯和受剪。柱采用的材料可以是砖、钢筋混凝土、钢材或钢材和钢筋混凝土的组合。不论是哪一种材料的柱都需进行强度计算，柱通常还需要验算其稳定性。

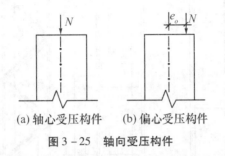

(a) 轴心受压构件　(b) 偏心受压构件

图 3-25　轴向受压构件

　　钢筋混凝土柱的截面一般为方形或矩形，有时也采用圆形、I 字形或环形等截面形式。柱中钢筋的配置如图 3-26 所示。其中纵筋、箍筋的数量根据承载能力和抗震构造等要求确定。

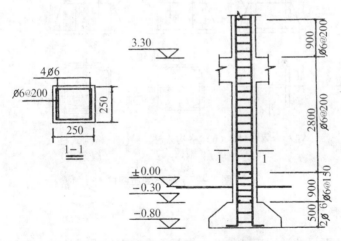

图 3-26　钢筋混凝土柱中的配筋

　　钢柱按其截面组成型式，可分为实腹式构件和格构式构件两种。实腹式构件具有整体连通的截面，常用工形和箱形截面，格构式构件一般由两个或多个分肢用缀件（缀条或缀板）联系而成，见图 3-27。

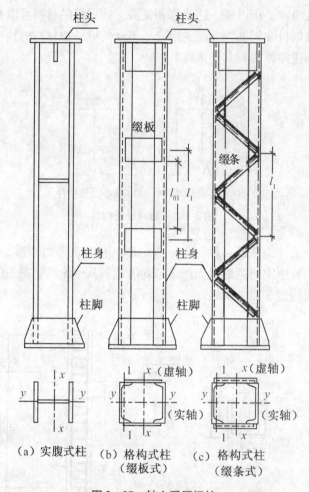

图 3 - 27　轴心受压钢柱

3.4.5　杆

杆的截面尺寸远小于其长度，主要承受轴向压力或拉力。在房屋结构中通常用来组成平面桁架（图 3 - 28（a））、空间网架或空间网壳（图 3 - 28（d）、(e)）承受荷载。

3.4.6　拱

拱是由曲线形构件或折线形构件及其支座组成，见图 3 - 28（b）。在荷载作用下主要承受轴向压力，也有弯矩和剪力。它比同跨度的梁受力合理，更节约材料。

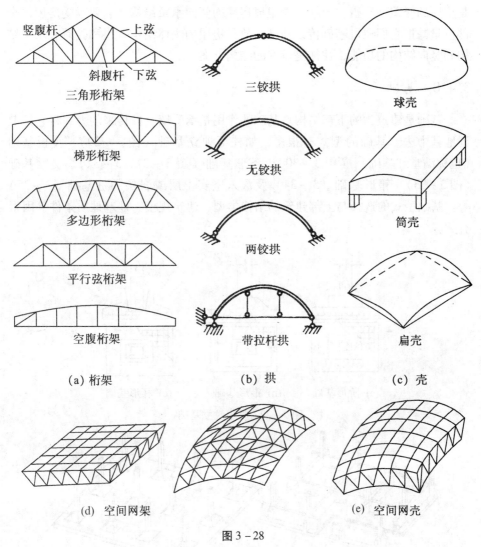

图 3 – 28

3.4.7　壳

壳通常由曲面形板及作为边缘构件的梁、拱或桁架组成（图 3 – 28c）。它是一种空间形的结构构件，在荷载作用下主要承受压力。正如动物的蛋壳一样，能以较小的构件厚度形成承载力很高的结构。

在房屋结构中，由板、梁、桁架或网架组成房屋的水平承重结构，它一般是房屋的楼盖和屋盖。由柱、墙组成房屋的竖向承重结构，它要承受房屋的全部重量并把它们通过基础传给地基，故是房屋的主体结构。拱和壳兼有水平结构和竖向结构的功能，往往是较好的结构方案。

3.4.8 基础

基础是建筑物的下部结构。基础的作用是承受墙、柱传来的力并将它扩散到地基中去。基础的型式有很多，如柱下独立基础（图 3 - 29）、筏板基础（也称满堂红基础）（图 3 - 30）、条形基础（图 3 - 31、3 - 32）、交梁基础（图 3 - 33）、箱形基础（3 - 34）及深入坚实土层或岩层的桩基础（3 - 35）等。基础型式的选择与上部建筑的结构类型、建筑规模、地基地质条件等因素有关。

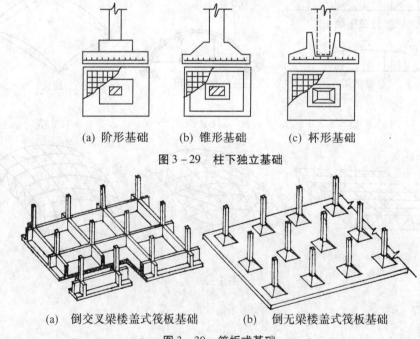

(a) 阶形基础   (b) 锥形基础   (c) 杯形基础

图 3 - 29 柱下独立基础

(a) 倒交叉梁楼盖式筏板基础   (b) 倒无梁楼盖式筏板基础

图 3 - 30 筏板式基础

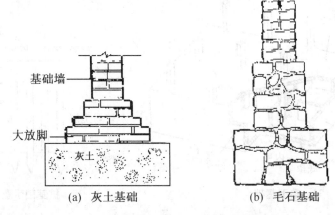

(a)　灰土基础　　　　　　　　(b)　毛石基础

图 3 - 31　刚性基础（墙下条形基础）

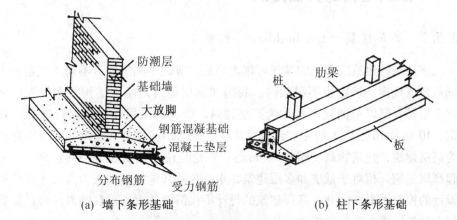

(a)　墙下条形基础　　　　　　(b)　柱下条形基础

图 3 - 32　钢筋混凝土条形基础

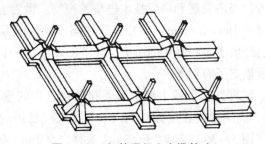

图 3 - 33　钢筋混凝土交梁基础

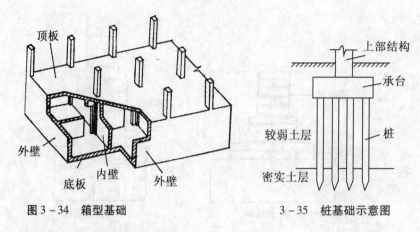

图 3 - 34　箱型基础　　　　　　　　　3 - 35　桩基础示意图

3.5　建筑结构的其他形式

3.5.1　高层建筑（tall building）结构

多少层的建筑或多高的建筑可视为高层建筑，不同国家有不同的规定，不同规范或规程的规定也不尽相同。我国《高层建筑混凝土结构技术规程》规定 8 层及 8 层以上的建筑物称为高层建筑。而我国《民用建筑设计通则》规定，10 层及 10 层以上的住宅建筑以及高度超过 24m 的公共建筑和综合性建筑为高层建筑；建筑物高度超过 100m 时，不论是住宅建筑还是公共建筑，均为超高层建筑。相对于低层和多层建筑，水平荷载和地震作用成为高层建筑结构设计的控制因素。因此，高层建筑的设计不仅需要较大的承载能力，而且需要较大的抵抗侧向变形的能力。

高层建筑是近代经济发展和科学技术进步的产物。世界上第一幢近代高层建筑是美国芝加哥的 HomeInsurance 大楼，该楼高 55m，10 层，建于 1883 年。高层建筑的发展已经历了 100 多年的历史，经济的发展、工业技术的进步不断地为高层建筑发展创造了有利条件。

城市中的高层建筑是这个城市经济繁荣和社会进步的重要标志。进入 20 世纪 90 年代以来，高层建筑在全球范围内取得了突飞猛进的发展。当前世界最高的建筑排位（图 3 - 36 左起）：台北 101 大楼（508m，囊括了高度项目中 3 个第一，包括"世界最高建筑物"、"世界最高使用楼层"、"世界最高的屋顶高度"）、芝加哥西尔斯大楼（443m，世界最高天线高度）、马来西亚吉隆坡双子星大楼（451.9m）、上海金茂大厦（420.5m）、香港国际金融中心（420m）、纽约帝国大厦（381m）。

图 3 - 36　世界十大高楼一览

　　除了前面介绍的框架结构可作为高层建筑的结构体系以外，通常还有以下几种结构形式：

1. 剪力墙结构体系（shear wall structure）

　　利用钢筋混凝土墙体作为承受竖向荷载和水平作用的结构，称为剪力墙结构。图 3 - 37 为四川成都市蜀都大厦（33 层、102m）的简力墙平面布置图。墙体同时也起围护和分隔作用。由于竖向荷载从楼盖或屋盖直接传至剪力墙上，因此剪力墙的间距取决于楼板的跨度。一般情况下剪力墙的间距为 3~8m，适用于对开间要求较小的建筑，如住宅、宾馆。

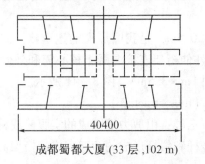

40400

成都蜀都大厦(33 层,102 m)

图 3 - 37　剪力墙结构平面图

钢筋混凝土剪力墙结构的整体性好，在水平荷载作用下的侧向变形小，承载力要求也容易满足，因此剪力墙结构适合于建造较高的高层建筑。

2. 框架—剪力墙体系（frame-shear wall structure）

在框架结构中设置部分剪力墙，由框架和剪力墙共同承受竖向和水平作用的结构称为框架—剪力墙结构（图3-38）。如果将剪力墙布置成筒体，又称为框架—核心筒结构（图3-39）。筒体的承载能力、抗侧移能力及抗扭能力都大大高于单片剪力墙。在结构上，这是提高材料利用率的一种途径；在建筑布置上，则往往利用筒体作电梯间、楼梯间以及竖向管道的通道。

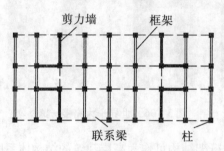

3-38　框架—剪力墙结构平面布置

框架—剪力墙结构中，剪力墙承担大部分水平力，是抗侧向变形的主体。框架则主要承受竖向荷载，并提供较大的使用空间。

马来西亚吉隆坡的石油双塔大厦是两个并排的圆形建筑，都采用23m见方的混凝土墙体内芯和底部直径为46.2m的16个混凝土圆柱（直径由底部2.4m逐渐变化到顶层的1.2m）周边框架组成（图3-40）。地上88层，高390m，连同桅杆总高451.9m。从底层至84层采用钢筋混凝土结构，84层以上则是钢柱和钢环梁。

上海金茂大厦高420.5m，是我国最高的建筑物。采用混凝土和钢材的组合结构，共88层。用外伸桁架连接混凝土核心筒和外侧8个巨型组合柱（截面从1.5m×4.9m变到1m×3.5m），图3-41所示。

3. 筒体结构体系（tube structure）

筒体的基本形式有三种：由剪力墙围成的实腹筒或称薄壁筒；由密柱深梁框架围成的框筒；由竖杆和斜杆形成的桁架围成的桁架筒（图3-42）。

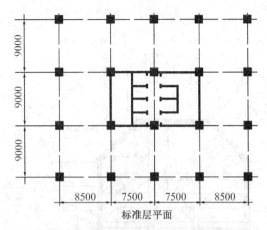

图 3-39 框架—核心筒结构（上海联谊大厦）

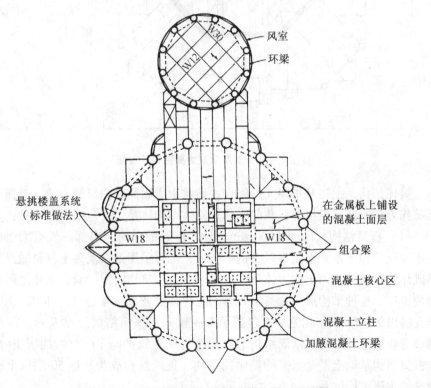

图 3-40 马来西亚吉隆坡石油双塔大厦（平面图）

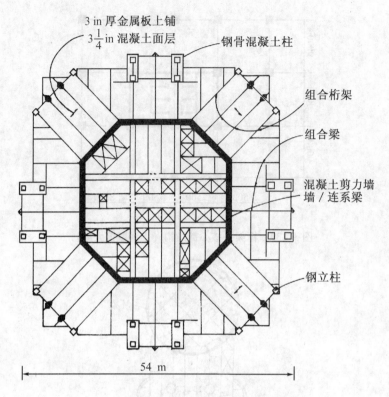

图 3-41 上海金茂大厦结构平面图

筒体结构是上述基本单元的组合,通常由实腹筒作内部核心筒,框筒或桁架筒作外筒,共同抵抗外荷载的作用。筒体结构体系主要包括以下几种:

(1)框筒结构(framedtube structure) 由外围框筒和内部一般框架组成的高层建筑结构体系。框筒可以由钢材做成,也可采用钢筋混凝土材料做成。框筒既作为建筑的空间抗侧力体系,同时又作为建筑物的围护墙,梁柱之间直接形成窗口。这种结构形式是美国著名的工程师法齐勒·坎恩(FazlerR. Khan)最先提出的。1963 年在芝加哥建造了第一幢采用框筒结构的建筑——43 层的德威特切斯纳特公寓。框筒结构的出现将高层建筑推向了一个新的历史时期。在框筒结构基础上发展起来的筒中筒结构、束筒结构成为建造 50 层以上高层建筑的主要结构体系。

(2)筒中筒结构(tube in tube structure) 由中央薄壁筒和外围框筒或桁架

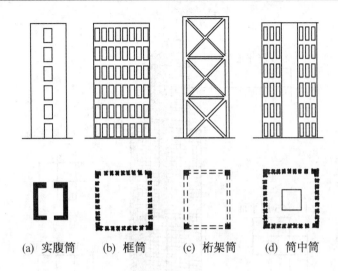

(a) 实腹筒　　(b) 框筒　　(c) 桁架筒　　(d) 筒中筒

图 3 - 42　筒体类型

筒组成的高层建筑结构。当采用钢结构时，内筒也可由框架做成。

（3）束筒结构（bundled tube structure）由若干个并列筒体组成的高层建筑结构。美国芝加哥的西尔斯大厦（Sears Building），高 442m，110 层，世界上最高的全钢结构建筑。它的标准层是 9 个框筒排列成的正方形，框筒的每条边都是由间距为 4.57m 的钢柱和桁架梁组成。随着建筑物的升高每个筒体在不同的高度处终止（图 3 - 43）。

4. 巨型结构

巨型结构的概念产生于 60 年代末，由梁式转换层结构发展而形成的。巨型结构体系又称超级结构体系，是由巨型的构件组成的简单而巨型的桁架或框架等结构，作为高层建筑的主体结构，与其他结构构件组成的次结构共同工作的一种结构体系，从而获得更大的灵活性和更高的效能，见图 3 - 44。巨型构件的截面尺寸通常很大，其中巨型柱的尺寸常超过一个普通框架的柱距，形式上可以是巨大的实腹式钢骨混凝土柱、空间格构式桁架或是筒体。巨型梁采用高度在一层以上的平面或空间格式桁架，一般隔若干层才设置一道。巨型结构的主结构通常为主要抗侧力体系，次结构只承担竖向荷载，并负责将力传给主结构。巨型结构是一种超常规的具有巨大抗侧力刚度及整体工作性能的大型结构。

巨型结构从材料上可分为巨型钢筋混凝土结构、巨型钢骨钢筋混凝土结构

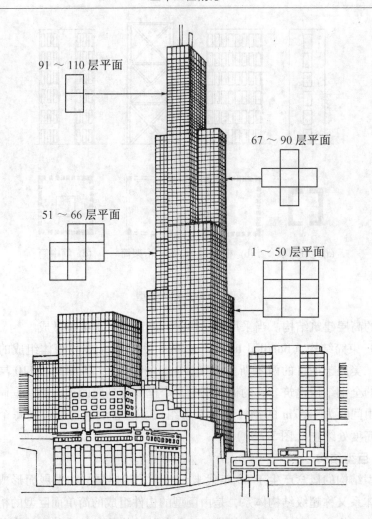

91 ～ 110 层平面

67 ～ 90 层平面

51 ～ 66 层平面

1 ～ 50 层平面

图 3 –43　西尔斯大厦示意图

(SRC)、巨型钢 – 钢筋混凝土结构及巨型钢结构；按其主要受力体系可分为：巨型桁架（包括筒体）、巨型框架、巨型悬挂结构和巨型分离式筒体等四种基本类型。

　　巨型桁架结构体系的主结构主要以桁架的形式传递荷载，是桁架力学概念在高层建筑整体中的应用。巨型桁架结构一般将巨型斜支撑应用于高层建筑的建筑内部或贯穿建筑的表面。构成桁架的构件既可能是较大的钢构件、钢筋混凝土构件和型钢劲性混凝土构件，也可能是空间组合构件。图 3 – 所示的香港

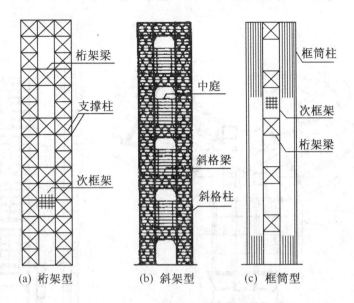

(a) 桁架型　　　　(b) 斜架型　　　　(c) 框筒型

图 3-44　巨型结构体系形式

中国银行大厦在房屋的四角设置了边长为 4m 的巨大钢筋混凝土柱，大型交叉的钢支撑高度为 12 层高，每隔 13 层沿房屋的四周及内部设置整层高的钢加劲桁架。全楼做成竖向桁架，分成 4 段，最下面一段是正方体，向上依次削减，呈多棱体和三棱体，全部风力都传递到下面的 4 根巨大的钢筋混凝土角柱上。空间桁架将水平力转化为竖向的或斜向的轴力，受轴力作用的杆件最能充分发挥材料的效能。

　　图 3-45 是深圳亚洲大酒店的结构布置简图，它是一个多筒结构，高 114.1m，33 层，楼电梯间形成的实腹筒是巨型框架的柱子。在每隔 6 层设置的设备层中，由整个层高和上、下楼板形成的工形梁是巨型框架的横梁。

　　巨型结构具有良好的建筑适应性和潜在的高效结构性能。正越来越引起国际建筑业的关注。

3.5.2　大跨度房屋结构（long span structure）

1. 网格结构

　　由多根杆件按照一定的网格方式通过结点连接而成的空间结构称为网格结构。它具有空间受力、重量轻、刚度大、整体性好、稳定性好、抗震性能好等优点，可用于大跨度建筑的屋盖。平板形的网格结构称为网架结构，如图

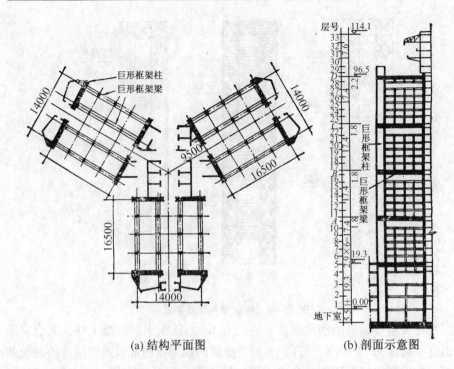

| (a) 结构平面图 | (b) 剖面示意图 |

图 3 - 45　深圳亚洲大酒店

3 - 46 （a)所示。曲面形的网格结构称为网壳结构，图 3 - 46 （b） 为一球面网壳。国内最大的钢网壳工程是长春工人万人体育馆工程（图 3 - 47）。

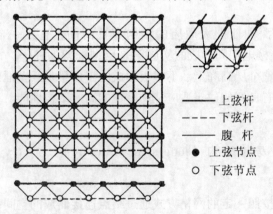

（a）正放四角锥平板网架：

图 3 - 46　空间网架

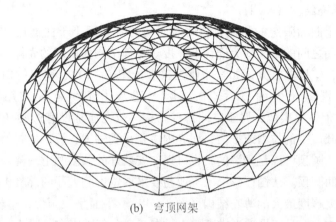

(b)　穹顶网架

续图 3 – 46　空间网架

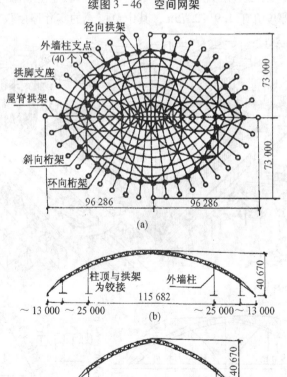

图 3 – 47　长春万人体育馆

2. 薄壳结构（shell）

有两个曲面限定的物体，当两曲面间的距离远小于曲面尺寸时，称为壳体。两曲面之间的距离即为壳体的厚度。穹顶结构为古老的壳体结构形式，用石料砌筑，壁厚非常大，如索菲亚大教堂（图1-10）、南京钟山的砖砌无梁殿。钢筋混凝土发明以后，在国际上建造了不少穹顶式结构——圆顶（dome），但壁厚很薄，属于空间薄壁结构。薄壳通常设有边梁（肋）用来承受竖向荷载产生的拉力或推力，而壳内主要承受轴力，故能使材料强度得到充分的利用。圆顶可以是光滑的，也可以在安装好的预制肋上现浇一层钢筋混凝土构成带肋圆顶。法国巴黎国家工业与技术展览中心大厅的混凝土薄壳结构是当今世界上跨度最大的薄壳结构（图3-48）。平面呈三角形，边长219m，壳顶离地面46m，是双层波形拱壳，支承在三个角部墩座上，墩座由预应力拉杆相连。壳体总厚度介于1.9~2.75m，其中单层壳的实际厚度仅为17~24cm。

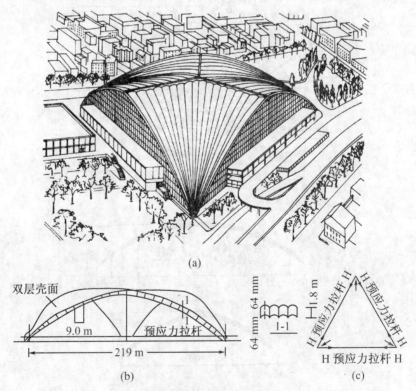

(a)

(b)   (c)

图3-48 法国巴黎国家工业与技术展览中心大厅

3. 悬索结构

悬索结构是通过架设在塔架上的悬索来承受屋盖自重及其承受的各种活荷载。图 3 – 49 为一悬索结构模型。

世界著名的美国明尼亚波利斯的联邦储备银行大楼是一幢 11 层的以钢悬索结构为主体的建筑物（图 3 – 50），悬索跨越 83.2m，仅两端支承在截面和刚性极大的筒体结构上。悬索下凹，矢高 45.7m。悬索支承曲线上以上的柱子和曲线以下的吊杆（各楼层结构均支承在这些柱子和吊杆上）。下凹悬索的水平推力由巨型钢桁架承受。此建筑留有将来扩建加高的可能，图 3 – 50 中虚线部分所示，扩建时采用拱结构。这样，悬索和拱结构产生的水平力可以抵消一部分。

图 3 – 49　一悬索结构模型

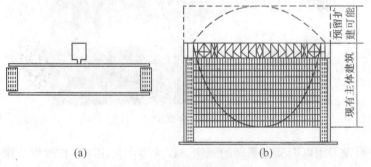

(a)　　　　　　　　　　　　(b)

图 3 – 50　美国联邦储蓄银行

4. 膜结构

千年穹顶（Millennium Dome）位于伦敦东部泰晤士河畔的格林威治半岛上，是英国政府为迎接 21 世纪而兴建的标志性建筑，如图 3-51 所示。穹顶直径 320m，周圈大于 1000m，有 12 根穿出屋面高达 100m 的桅杆，屋盖采用圆球形的张力膜结构。膜面支承在 72 根辐射状的钢索上，其截面为 $2 \times \phi 32$，这些钢索则通过间距 25m 的斜拉吊索与系索为桅杆所支撑，吊索与系索同时对桅杆起稳定作用。另外还设有四圈索行架将钢索联成网状。膜结构屋面设计中的一个关键问题是要避免雨雪所形成的坑洼，千年穹顶的大部分屋面都比较平坦，因此膜面的支承结构必面对清除这些难点，同时将周围的索抬高于膜面，能使连续水流直接排放至干管。幅向索在周圈与悬链索相连共固定在 24 个锚圆点上，顶部则与 12 根 $\phi 48$ 钢索组成的拉环连接，拉环直径为 30m，中设天窗供穹顶通风用。桅杆为梭形，由纵向的圆钢管与横向的方钢相贯焊接成格构状，桅杆沿直径 200m 的圆周设置，支承在由四根杆组成的四角锥形底座上。一些细钢索从高 10m 的底座引出，因而不妨碍展出。

图 3-51　千年穹顶

膜材原先采用以聚酯为基材的织物，以后考虑使用年限长改用涂聚四氟乙烯的玻璃纤维织物，（美国 Chemfab 产的 Sheerfill，厚 1.2mm。）为了防止结露，又增加了能隔音、隔热的内层（美国产 Fabrasob），但内部装修尚未完工，这层膜材已出现了被玷污的痕迹，影响美观。

5. 张弦梁结构

张弦梁结构是近十余年来发展起来的一种大跨度预应力空间结构体系，其受力特点是通过张拉下弦高强度拉索使得撑杆产生向上的分力，导致上弦构件产生与外荷载作用下相反的内力和变位，从而降低上弦构件的内力，减小结构的变形。上海浦东国际机场航站楼是国内首次采用张弦梁结构的工程，图 3 - 52 所示。另一代表性的工程为 2002 年建成的广州国际会议展览中心的屋盖结构，图 3 - 53 所示。

 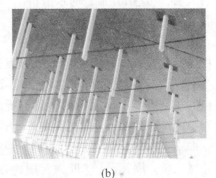

(a)　　　　　　　　　　　　　　　(b)

图 3 - 52　上海浦东国际机场航站楼

图 3 - 53　广州国际会展中心屋盖结构

第4章 道路与桥梁工程

4.1 道桥概述（Essentials of Road & Bridge）

4.1.1 路桥之源和流

古人云："逢山开道，遇水搭桥。"可见道（road）和桥（bridge）自古有之，且在陆地交通（communication）中具有重要地位。道和桥总是共生共存，有人走阳关道①，也有人过独木桥。

中国乃文明古国，交通运输十分发达。道路的名称源于两千多年前的周朝，"路者露也，赖之以行车马者也。"当时把道路分成五等，即径、畛、涂、道、路。径是可供牛马通行的小路，所谓"曲径通幽"是也。畛为可以行车的道路，此车即牛拉、马拉之两轮车、四轮车。涂为一轨宽的道路，轨为长度单位，即车子两轮之间的距离，周制一轨八尺，约等于现在2.1 m。道宽二轨，路宽三轨。周礼云："匠人营国，方九里、旁三门，国中九经九纬，经涂九轨，环涂七轨，野涂五轨。"图4-1所示，南北方向的道路为经涂，东西方向的道路为纬涂，环城道路为环涂，城外道路称为野涂。

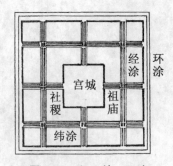

图4-1 经、纬、环涂

---

① 阳关，古代关名，在今敦煌市西南古董滩附近，因在玉门关之南，故名阳关。阳关以西称为西域，唐诗有"劝君更进一杯酒，西出阳关无故人"之诗句。阳关道，原指经过阳关通往西域的大道，后泛指交通大道。

秦朝以后，道路被称为"驰道"或"驿道"（post road），今观重庆地名之"铜罐驿"、"白市驿"，仍可见其影响。元朝时期，道路被称为"大道"。清朝开始，由北京至各个省会城市之间的道路为"官道"；省会之间的道路为"大路"，民间有所谓"大路朝天，各走半边"的说法；市区街道为"马路"。清末民初，火车、汽车相继在中国出现，汽车通行的道路称为"公路"（highway），火车通行的道路称为"铁路"（railway, railroad）。

一般认为，桥梁的最初形式是堤梁（浅滩中筑有一定间距的石堤若干个，水从堤间流，人在堤上行）、独木桥和石拱桥。到目前为止，考古发现的最早的桥梁遗址在今小亚细亚（Asia Minor）一带[①]，距今 6000~8000 年。世上古老的木桥已不复存在，现存最古老的石拱桥位于欧洲的希腊，是一座单孔石桥，距今约 3500 年。西安东郊半坡村，是新石器时代（公元前 4000 年左右）仰韶文化的氏族村落遗址，1954 年发掘时发现桥梁遗迹，这是我国最早出现桥梁的地方。国内现存最古老的桥梁是位于河北的赵州桥——建于隋朝的大石拱桥。

现代经济社会，道桥的作用十分明显。"要致富，先修路"，"要快富，修高速"已成为人们的共识。高速公路（expressway）的社会效益和经济效益主要表现在：运输效益高，技术效益好，安全效益可观，可加快城市发展，刺激工业增长，带动第三产业，协调经济发展。重庆长江大桥的建成通车，就有了南坪（重庆市南岸区）的崛起；上海的南浦大桥、杨浦大桥的建设就有了浦东的开发成功。

在西部大开发的初期，必然会出现西部地区基础设施建设的高潮。高速公路建设，各省都在大力推进。四川高速公路以成都为中心向外辐射，成渝、成乐（乐山）、成雅（雅安）、成绵广（绵阳、广元）、成南（南充）高速公路先后投入运营。至 2004 年底，四川连续七年每年公路建设投资超过百亿元人民币，高速公路通车里程达 1 759 km，提前一年完成高速公路建设"十五"计划。渝怀铁路（重庆—怀化）、青藏铁路二期（格尔木—拉萨，一期工程西宁—格尔木 814 km，已于 20 世纪 80 年代建成通车）也已先后建成，前者于 2006 年初通车，后者于 2006 年 7 月 1 日通车。兰渝铁路（兰州—重庆）新线

---

① 小亚细亚，又称安纳托利亚（Anatonia），即今土耳其共和国之亚洲部分，面积 75.6 万平方千米，北濒黑海，南滨地中海，西临爱琴海，东邻伊朗高原。

已列入计划，襄渝复线、达成扩能等项目正在实施，道路建设的高潮不断涌现。修路必定得修桥，所以桥梁建设也同步跟进。道桥工程具有广阔的市场前景，需要大量的有志青年为之贡献力量。

4.1.2　交通运输体系

交通运输是国民经济的命脉，属基础产业范畴。它联系着工农业、城乡，是形成物流、人流的硬件设施，在政治、经济、军事、文化、旅游等方面有着重要的地位和作用。交通运输体系由公路运输、铁路运输、水上运输、航空运输和管道运输五个部分所组成。

1. 公路运输

一般而论，公路运输是指人、物借助车辆（机动车和非机动车）从甲地到乙地有目的的移动过程。狭义的公路运输则仅指汽车在公路上有目的的移动过程。其特点是：

（1）投资少、见效快，经济效益高。

（2）机动灵活，运送方便。

（3）可实现点对点的直达运输。

（4）运输损耗少。

2. 铁路运输（图 4 - 2）

图 4 - 2　铁路运输

铁路运输是以钢轨引导列车运行的运输方式。铁路运输在国家经济建设中起着重要作用。铁路运输的主要优、缺点在于：

（1）优点：

① 运输速度快；

② 运载能力大；

③ 运输成本低。

（2）缺点：

① 固定设施费用高，基础投资大。据报道，渝怀铁路 600 余千米，预算投资人民币达 200 多亿元；

② 总的运程时间较长。货物需经编组、中途解体、中转和调度等工作。铁路经多次大提速，运程时间在缩短；

③ 组织要求十分严密。按区间（两相邻车站之间）单向或双向行驶。

3．水上运输

水上运输是利用水上交通工具（船舶或其他浮运工具）在江、河、湖、海上运送客货的运输方式。水上运输的航行道路（航道）是天然的或人工开凿的，但内河运输受季节影响。海上运输是国际贸易中货物运输的主要方式，其优点在于运输方便、投资少、大吨位、长距离、运量大、成本低；不足之处是受水道限制、运输的连续性较差、速度慢。

4．航空运输（图 4-3）

图 4-3　航空运输

航空运输是利用飞机在空中运物、运人的运输方式。美国莱特兄弟①发明

---

① 兄 Wilbur Wright（1867—1912），弟 Orville Wright（1871—1948），美国飞机发明家。1903 年设计、制造成用内燃机作动力的有人驾驶飞机，同年 12 月 17 日在基蒂霍克（Kitty Hawk）试飞成功。飞行时间 59 秒，飞行距离达 852 英尺。

飞机一百多年来，航空业发展十分迅速。航空运输的主要优、缺点在于：

（1）优点：

① 速度快（一般900 km/h）；

② 灵活性大；

③ 舒适性好。

（2）缺点：

① 载重量（载客量）小；

② 运输成本高；

③ 受气候条件限制较大。

成都双流国际机场2004年进出旅客流量达到1 168万人、2005年接近1400万人，跨入世界繁忙机场行列，成为全国六大机场之一。双流机场将于2006年开建第二条跑道，并规划了第三条跑道，如图4-4所示。三条跑道均为南北方向，相互平行。飞行区等级可由现在的4E上升为4F，能够满足空中客车A380的起降和停靠要求。跑道与一般道路的主要区别在于要承受很大的荷载作用，A380的起飞质量大约是500t。

图4-4 双流国际机场规划

5．管道运输

管道运输是封闭管道利用重力或压力，连续输送特定物资的运输方式。按运送物资不同可有输水管道、输气管道、输油管道等之分，其特点在于：

（1）运输连续性强。

（2）运输成本低。

（3）安全性能好。

管道运输目前多用于气体、液体、粉状物的运输。长距离管道运输的实例有：陕京天然气管道（陕北—北京）、西气东输（新疆—上海）、兰成输油管道（兰州—成都）。

4．1．3　道路荷载标准值

作用于道路、桥梁上的荷载（load）可分为永久荷载或恒载（dead load）、可变荷载或活载（live load）和偶然荷载（accident load）。这些荷载类型繁多，情况复杂，设计时不可能考虑到每种情况，国家规定（国家标准）以统一的标准值用于设计计算。

1．永久荷载（恒载）

永久荷载或恒载是指大小、方向不随时间而变的荷载，或虽有变化但与其平均值相比可以略去不考虑的荷载。永久荷载主要包括自重，土压力（填土对桥梁墩台、挡土墙的压力），基础沉陷引起的结构内力，水的浮力，混凝土收缩、徐变引起的力等。自重一般取：材料的容重或重度（单位体积的重量）×体积，其他恒载可按有关规定取值。

2．可变荷载（活载）

随时间而变化的荷载或变化量与平均值相比不可略去的荷载，称为可变荷载或活载。它包括机车、车辆、行人等荷载。

（1）铁路车辆活载。我国铁路桥涵设计使用的标准荷载为中华人民共和国铁路标准活载，简称"中—活载"。它包括普通活载和特种活载两种。

（2）公路汽车活载。行驶于公路上的车辆种类繁多，不可能一一考虑。进行路面结构设计时，取标准荷载为 BZZ - 100，即每个轮轴重力 100 kN。桥涵设计中汽车荷载采用车道荷载（图 4 - 5）和车辆荷载（图4 - 6），荷载等级分公路 - Ⅰ 级和公路 - Ⅱ 级。

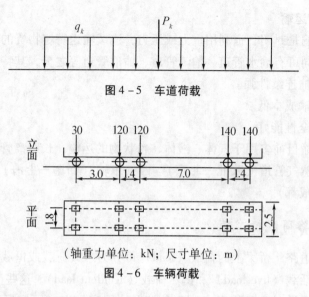

图 4-5 车道荷载

（轴重力单位：kN；尺寸单位：m）

图 4-6 车辆荷载

公路－Ⅰ级车道荷载均布荷载①标准值 $q_k = 10.5$ kN/m。集中荷载标准值 P_k，当计算跨径小于或等于 5 m 时，$P_k = 180$ kN；计算跨径大于或等于 50 m 时，$P_k = 360$ kN；计算跨径介于 5 m 和 50 m 之间时，P_k 值采用直线内插法求得。当计算剪力效应时，上述荷载标准值应乘以 1.2 的系数。

公路－Ⅱ级车道荷载标准值为公路－Ⅰ级车道荷载标准值的 0.75 倍。

公路－Ⅰ级和公路－Ⅱ级汽车荷载采用相同的车辆荷载标准值。采用一辆五轴汽车，总重 550 kN，以集中力的形式作用于结构。

进行桥涵设计时，汽车荷载等级的选用在一般情况下：高速公路、一级公路桥涵选公路－Ⅰ级，二级公路、三级公路、四级公路桥涵选公路－Ⅱ级。二级公路为干线公路且重型车辆多时，其桥涵的设计可采用公路－Ⅰ级车道荷载；四级公路上重型车辆少时，其桥涵设计所采用的公路－Ⅱ级车道荷载可乘以 0.8 的折减系数，车辆荷载可乘以 0.7 的折减系数。

（3）人群活载。在桥涵的人行道上应考虑人群荷载。一般桥梁的人群荷载取值：桥梁计算跨径小于或等于 50 m 时，人群荷载标准值为 3.0 kN/m²；

---

① 按长度分布的荷载，称为线荷载。单位长度上的线荷载值，称为线荷载集度，单位为 kN/m。当荷载集度为常数时，该荷载为均布荷载。按面积分布的荷载，称为面积荷载。面积荷载的集度为单位面积上的荷载值，以 kN/m² 为单位。人群荷载可按面积荷载考虑。

计算跨径大于或等于 150 m 时，人群荷载标准值为 2.5 kN/m²；计算跨径大于 50 m、小于 150 m 时，可由线性内插得到人群荷载标准值。城镇郊区行人密集地区的公路桥梁，人群荷载标准值为上述标准值的 1.15 倍。

专用人行桥梁，人群荷载标准值为 3.5 kN/m²。

3. 偶然荷载

偶然荷载是指在设计基准期（一定年限）内不一定出现，但若出现，其数值很大而持续时间很短的荷载。偶然荷载主要指地震作用，船只或漂流物的冲击力。地震作用的大小，与抗震设防烈度①、场地类型及结构型式等因素有关。漂流物对桥梁墩台的冲击力，可根据实测资料或与有关部门研究确定。

4.1.4　道路空间体系

道路是一个综合体系。广义的道路指陆上交通通道，是一个带状的三维空间人工构造物，如图 4-7 所示。它主要包括以下工程实体：

(1) 路基、路面。

(2) 桥梁、涵洞。

(3) 隧道。

(4) 护坡。

(5) 附属设施。

图 4-7　道路空间体系

① 某一地区地面或建筑物受到地震影响的强弱程度，称为地震烈度。目前，我国将地震烈度分为 12 度，其中 1~5 度以人的感觉为主，6~10 度以房屋震害为主、人的感觉为辅，11~12 度以地表现象为主。国家给每个地区确定了基本烈度值，比如成都为 7 度、广元为 6 度。抗震设防烈度一般取基本烈度，对于生命线工程，可比基本烈度提高 1 度作为设防烈度。

因桥梁属结构工程，隧道属衬砌工程，它们都有自己的独特形式、工程内容和应用背景，所以又必须单独予以考虑。随着城市建设的发展，有的地方路和桥、路和隧道已无严格区别，比如大城市的高架道路，其实就是由连续的桥梁所组成；特大城市的下穿道路、地铁，主要结构不过是隧道。

4.2 道路工程（Road Engineering）

4.2.1 道路的发展

4.2.1.1 古代中国道路

"世上本没有路，走的人多了也就成了路"。黄帝时代，发明了舟车，开始了道路交通。有句成语叫做"君子一言，驷马难追"。驷马者，驾四马之车也。说明车道、马道，古时已较发达。

周朝，道路相当平坦与壮观，有"周道如砥，其直如矢"之说。战国时期修建的"金牛道"起自今陕西勉县，向西南而行，翻越七盘关进入四川境内，经朝天驿而趋剑门关，是古代联系汉中和巴蜀的交通要道，《战国策·秦策》："栈道千里，通于蜀汉。"金牛道，相传五丁开山而筑，又称石牛道，史称"南栈"，是秦伐蜀的军事通道。该道大部分是悬崖栈道，其开凿和铺设工程之艰巨，今人难以想象。古人有"蜀道之难，难于上青天"的感慨。

图4-8 山间栈道

栈道是古人"逢山开道"的主要形式之一，古栈道早已名存实亡。今人修栈道，实为旅游故。图4-8为山间沿溪水而行的栈道。

秦始皇统一六国后，实行"车同轨，书同文"的政策，以国都咸阳为中心，形成了向外辐射的道路网。公元前212年修建秦直道，自今陕西省淳化县甘泉宫遗址至内蒙古包头市西九原，全长约900 km，平均宽度约80 m，可号称当时的高速公路。与此同时，古罗马帝国修建罗马大道，英文 Highway（公路、大道）一词即源于此。

萧何月下追韩信，追的路线是褒斜道。褒斜道因取道褒水、斜水两河谷而得名。它源自褒城，越秦岭，出斜谷到今眉县，直通关中平原[1]。褒城[2]因出了一位"一笑倾人城、再笑倾人国"的美女褒姒而千古闻名。

图 4 - 9　石门题刻

新中国在古褒斜道的入口处——石门修建了石门水库，遗迹已被淹没。曹孟德手书"衮雪"石刻（图 4 - 9），现存于汉中历史博物馆。

韩信明修栈道，暗度陈仓，为汉王刘邦入主中原立下了汗马功劳。陈仓道起自陈仓（今宝鸡市东），向西南出大散关，至今凤县折向东南进入褒谷，直达汉中。道虽迂远，但坡度较缓，成为来往秦岭南北的主要通道。斜谷道废弃后，褒谷道和陈仓道称为"北栈"，以别于金牛道。而到东汉末年（公元 208 年），周瑜火烧赤壁之后，曹操兵败华容道（今湖北省潜江市西南，并非湖南省华容县）。这说明道路和军事密不可分。除此之外，道路还与政治、经济发展相联系。张骞通西域，开创了"丝绸之路"，东自长安，西出地中海，横贯亚洲，延续两千余年，为东西方经济发展、文化交流起到了重要作用。

唐代疆土辽阔，八方来朝。道路发展至驿道共计五万余里，每三十里设一驿站，规模宏大。"一骑红尘妃子笑，无人知是荔枝来"说的是从今广西至长安，相距数千里路，为使荔枝保鲜，必须缩短运输时间。据说当时采取的办法是每到一驿站，重新换快马，进行接力赛跑。至元朝，驿制盛行，全国有驿站 1 496 个。

4.2.1.2　近代中国道路

1825 年，斯蒂芬森在英格兰北部修建世界上第一条铁路，40 年后英国商人杜兰德在中国修建了首条铁路，它位于北京宣武门外，仅长 500 m，通小火车，后被清政府拆除。在我国，第一条通车营运的铁路为 1876 年由英商怡和洋行修筑的淞沪铁路。

1897 年至 1912 年间，由帝国主义列强先后修建京汉（北京—汉口）铁路、津浦（天津—南京浦口）铁路和沪宁（上海—南京）铁路。清末，列强

---

① 关中平原，西起宝鸡，东至潼关，八百余里，号称八百里秦川。这里物阜民丰，有关中驴、秦川牛等特产；聚王者之气千余年，留下以兵马俑为代表的众多文物古迹。

② 褒城位于古褒国，褒河以西，原为县名。1958 年撤县，并入沔县（今勉县）。

欲修建川汉（四川成都—湖北汉口）铁路，因路权纠纷爆发"保路运动"，使辛亥革命提前进行，在成都市人民公园内有关于此事的纪念碑。如今，川汉铁路还未能修通，其部分路段为达成、达万铁路（成都—达县—万州），万州到湖北宜昌方向仍然不通。

1905 年至 1908 年，中国铁路工程师詹天佑主持修建京张铁路，开中国自行设计、自行施工修建铁路之先河。京张铁路南起北京丰台，北至河北张家口，全长 201 km，长达 1 091 m 的八达岭隧道是当时的一项著名工程。

1885 年，德国工程师卡尔·奔驰制造出第一辆由汽油发动机驱动的三轮车，1886 年 1 月获国家专利。1886 年成为现代汽车诞生之年。1902 年上海街头出现汽车。民国元年（1912 年）修建第一条汽车公路，它由湖南长沙至湘潭，全长 50 km。1941 年中国完成第一条高等级路面公路——滇缅公路，长155 km，沥青处治，并首次实现机械化施工。

直至 1949 年新中国成立前夕，全国铁路通车里程为 21 989 km；公路通车里程为 78 000 km，机动车 7 万余辆。

4.2.1.3 现代中国道路

1. 铁路

新中国成立后，国家首先修建川内的成渝铁路（成都—重庆），其后修建出川的宝成铁路（宝鸡—成都）、成昆铁路（成都—昆明）、川黔铁路（重庆—贵阳）和襄渝铁路（襄樊—重庆），使蜀道真正不再难[①]。宝成铁路为中国第一条电气化铁路，第二条电气化铁路是阳安铁路（阳平关—安康）。新中国在 20 世纪建成通车的主要铁路线还有：兰新线、焦柳线、南疆线（吐鲁番—喀什）、青藏线（一期）、南昆线、京九线、西延线（西安—延安）、西康线（西安—安康）、大秦线（大同—秦皇岛）等等。中国铁路网总里程数已达 7 万余千米，其中电气化铁路逾 2 万千米。主要干线铁路的里程和走向，见表 4 - 1。

---

① 民国年间，当西万公路（西安—万源；或说汉渝公路：汉中—重庆）翻越大巴山进入四川境内时，一筑路工程师在入境处不远，挥毫题词"蜀道从此不再难"，该遗迹在万源市境内。

表 4 - 1　主要铁路干线

序号	路线名	里程（km）	起点—终点	主要途经地
1	京山线	419	北京—山海关	通州，蓟县，北戴河
2	京包线	828	北京—包头	大同，集宁，呼和浩特
3	京原线	419	北京—太原	灵丘，涞源，原平
4	包兰线	1 006	包头—兰州	银川，中卫，白银
5	京沪线	1 460	北京—上海	济南，徐州，南京
6	京广线	2 302	北京—广州	石家庄，郑州，武汉
7	京九线	2 536	北京—九龙	衡水，商丘，阜阳，南昌，赣州
8	汉丹线	416	汉口—丹江口	随州，襄阳
9	襄渝线	850	襄樊—重庆	十堰，安康，达州
10	浙赣线	947	杭州—株洲	金华，上饶，鹰潭，萍乡
11	鹰厦线	694	鹰潭—厦门	三明，漳平
12	湘黔线	821	株洲—贵阳	怀化，凯里
13	湘桂线	1 013	衡阳—凭祥	桂林，柳州，南宁
14	黔桂线	607	贵阳—柳州	都匀，河池
15	陇海线	1 770	连云港—兰州	徐州，郑州，西安，宝鸡，天水
16	兰新线	2 144	兰州—乌鲁木齐	张掖，嘉峪关，哈密，吐鲁番
17	焦柳线	1 645	焦作—柳州	襄樊，枝城，怀化
18	宝成线	668	宝鸡—成都	阳平关，广元，绵阳
19	成渝线	504	成都—重庆	资阳，内江，永川
20	川黔线	463	重庆—贵阳	綦江，遵义，息烽
21	成昆线	1 100	成都—昆明	峨眉山，西昌，攀枝花
22	内昆线	827	内江—昆明	自贡，宜宾，昭通，六盘水
23	贵昆线	644	贵阳—昆明	安顺，曲靖
24	南昆线	899	南宁—昆明	百色，兴义
25	京通线	836	北京—通辽	承德，赤峰
26	京哈线	1 388	北京—哈尔滨	锦州，沈阳，四平，长春
27	平齐线	571	四平—齐齐哈尔	双辽，白城
28	滨洲线	950	哈尔滨—满洲里	大庆，海拉尔
29	哈佳线	506	哈尔滨—佳木斯	铁力
30	滨绥线	548	哈尔滨—绥芬河	尚志，牡丹江
31	长图线	529	长春—图们	吉林，延吉
32	同蒲线	850	大同—风陵渡①	山阴，原平，太原，临汾，运城

---

① 风陵渡位于山西省永济县（现永济市）蒲州镇以南之黄河北岸，铁路建于 1937 年，称为同蒲路，它是山西省的南北交通干线。1969 年黄河大桥建成后，该路延伸至陕西孟塬，与陇海铁路相接。

内地各省、市、自治区均有铁路相连接。除此之外，还有滨洲线等 10 余条铁路与俄罗斯（边界内侧满洲里、黑河、绥芬河）、朝鲜（边界内侧图们、集安、丹东）、越南（边界内侧凭祥、河口）、哈萨克斯坦（边界内侧阿拉山口）和蒙古（边界内侧二连浩特、阿尔山）等国相通，成为国际货物运输通道。亚欧大陆桥东起江苏连云港，经郑州、西安、兰州、乌鲁木齐，由阿拉山口进入哈萨克斯坦，经莫斯科、华沙、柏林到西端荷兰的鹿特丹。它可以称为当代"丝绸之路"。

铁路承担全国货物运输量的 70%，旅客运量的 60%，成为综合运输体系的骨干。

城市地下铁路（地铁）也在许多城市开通。北京、上海、广州等城市，地铁已投入商业运营。成都地铁，已经立项规划，一号线一期工程正在施工。广州至深圳之间已通行准高速列车，北京至上海、上海至杭州间准备兴建高速铁路。受成渝高速公路竞争压力的影响，成渝之间也修建了高速铁路。遂宁至重庆之遂渝铁路，2005 年 5 月在合川与北碚之间的试验速度已超过 220 km/h，为西部第一条高速铁路，图 4-10 所示。客运开通后，3 小时左右可实现成渝直达（走成渝铁路，特快列车需要 10 小时左右，成渝高速公路汽车不到 4 小时）。

图 4-10　遂渝高速列车试验

2004 年初，国务院已原则通过我国《中长期铁路网规划》。该规划提出，在 2020 年，全国铁路营业里程将达到 10 万千米，主要繁忙干线客货运分线、复线和电气化率达到 50％，提出"八纵八横"铁路网骨架的思路。

铁路网骨架之八纵包括：

（1）京哈通道（北京—哈尔滨—满洲里）。

（2）沿海通道（沈阳—大连—烟台—无锡—上海—杭州—宁波—温州—厦门—广州—湛江）。

（3）京沪通道（北京—上海）。

（4）京九通道（北京—南昌—深圳—九龙）。

（5）京广通道（北京—武汉—广州）。

（6）大湛通道（大同—太原—焦作—洛阳—石门—益阳—永州—柳州—湛江—海口）。

（7）包柳通道（包头—西安—重庆—贵阳—柳州—南宁）。

（8）兰昆通道（兰州—成都—昆明）。

铁路网骨架中的八横包括：

（1）京兰通道（北京—呼和浩特—兰州—拉萨）。

（2）煤运北通道（大同—秦皇岛、神木—黄骅）。

（3）煤运南通道（太原—德州、长治—济南—青岛、侯马—月山—新乡—兖州—日照）。

（4）陆桥通道（连云港—兰州—乌鲁木齐—阿拉山口）。

（5）宁西通道（西安—南京—启东）。

（6）沿江通道（重庆—武汉—九江—芜湖—南京—上海）。

（7）沪昆（成）通道（上海—株洲—怀化—贵阳—昆明（怀化—重庆—成都））。

（8）西南出海通道（昆明—南宁—黎塘—湛江）。

2. 公路

中国现有公路 170 万千米，其中高速公路总里程已超过 2 万千米，仅次于美国，居世界第二。内地每个县都通公路，东部绝大部分乡村通公路，西部绝大部分乡镇通公路，形成了一个密集的公路交通网络。

在公路交通网中，国家级干线公路，称为国道；省级干线公路，称为省道；县乡级别的道路，简称为县道或乡道。全国有国道 70 条，总里程为110 056km。其中，由北京向外放射的有 12 条，共计 23 197km，代号的第一位数字为 1，如表 4-2 所示；南北方向有 28 条，共计 38 004km，代号以 2 开头，表 4-3 所示；东西方向 30 条，共计 48 855km，代号以 3 为首，如表 4-4 所示。

表 4-2　1 字头国道

代号	起止地	主要途经地	代号	起止地	主要途经地
101	北京—沈阳	承德，朝阳	107	北京—深圳	郑州，武汉，长沙
102	北京—哈尔滨	秦皇岛，沈阳，长春	108	北京—昆明	太原，西安，成都
103	北京—塘沽	天津	109	北京—拉萨	大同，银川，西宁
104	北京—福州	济南，南京，杭州	110	北京—银川	张家口，呼和浩特
105	北京—珠海	商丘，南昌，广州	111	北京—加格达奇	赤峰，通辽
106	北京—广州	兰考，黄冈，浏阳	112	北京环线：宣化—唐山—天津—涞源	

表 4-3　2 字头国道

代号	起止地	主要途经地	代号	起止地	主要途经地
201	鹤岗—大连	牡丹江，通化，丹东	215	红柳园—格尔木	敦煌，大柴旦
202	黑河—大连	哈尔滨，吉林，鞍山	216	阿勒泰—巴仑台	阜康，乌鲁木齐
203	明水—沈阳	松源，康平	217	阿勒泰—库车	克拉玛依，奎屯
204	烟台—上海	青岛，连云港，南京	218	伊宁—诺羌	巴仑台，库尔勒
205	山海关—广州	淄博，南京，屯溪	219	叶城—拉孜	噶儿，萨嘎
206	烟台—汕头	徐州，合肥，景德镇	220	滨州—郑州	济南，菏泽
207	锡林浩特—海安①	张家口，襄樊，梧州	221	哈尔滨—富锦	佳木斯，双鸭山
208	集宁—长治	大同，太原	222	哈尔滨—伊春	绥化，铁力
209	呼和浩特—北海	离石，三门峡，柳州	223	海口—三亚	琼海，万宁
210	包头—南宁	西安，重庆，贵阳	224	海口—三亚	屯昌，通什
211	银川—西安	庆阳，旬邑	225	海口—三亚	儋州，东方
212	兰州—重庆	武都，广元，南充	226	楚雄—墨江	
213	兰州—景洪	成都，西昌，昆明	227	西宁—张掖	
214	西宁—景洪	昌都，大理	228	台湾环线	

---

①　此海安位于广东省徐闻县琼州海峡北岸，而 328 国道之海安为江苏省海安县。

表 4 - 4　3 字头国道

代号	起止地	主要途经地	代号	起止地	主要途经地
301	满洲里—绥芬河	大庆，哈尔滨	302	图们—乌兰浩特	长春，白城
303	集安—锡林浩特	四平，通辽	304	霍林郭勒—丹东	通辽，沈阳
305	庄河—林西	营口，敖汉旗	306	绥中—克什克腾旗	凌源，喀喇沁旗
307	歧口—银川	石家庄，太原	308	青岛—石家庄	济南，南宫
309	荣成—兰州	济南，临汾，宜川	310	连云港—天水	徐州，郑州，西安
311	徐州—西峡	亳州，许昌	312	上海—伊宁	合肥，西安，兰州
313	安西—诺羌	敦煌，阿克塞	314	乌鲁木齐—红旗拉甫达板	库尔勒，喀什
315	西宁—喀什	德令哈，诺羌，和田	316	福州—兰州	南昌，武汉，汉中
317	成都—那曲	甘孜，昌都	318	上海—聂拉木	武汉，成都，拉萨
319	厦门—成都	瑞金，长沙，重庆	320	上海—瑞丽	南昌，湘潭，昆明
321	广州—成都	桂林，贵阳，泸州	322	衡阳—凭祥	柳州，南宁
323	瑞金—临沧	韶关，柳州，开远	324	福州—昆明	广州，玉林，南宁
325	广州—南宁	湛江，钦州	326	秀山—个旧	遵义，毕节，曲靖
327	菏泽—连云港	济宁，临沂	328	南京—海安	扬州
329	杭州—中宅	上虞，宁波	330	温州—寿昌	丽水，金华

表 4 - 5　国道主干线

纵横	序号	起止地	主要途经地
五纵	1	同江—三亚	哈尔滨，沈阳，大连，青岛，上海，福州，广州，海口
	2	北京—福州	天津，济南，徐州，合肥，南昌
	3	北京—珠海	石家庄，郑州，武汉，长沙，广州
	4	二连浩特—河口	集宁，大同，太原，西安，成都，内江，昆明
	5	重庆—湛江	贵阳，南宁
七横	1	绥芬河—满洲里	哈尔滨
	2	丹东—拉萨	沈阳，唐山，北京，呼和浩特，银川，兰州，西宁
	3	青岛—银川	徐州，郑州，西安，宝鸡，兰州，乌鲁木齐
	4	连云港—霍尔果斯	徐州，郑州，西安，宝鸡，兰州，乌鲁木齐
	5	上海—成都	南京，合肥，武汉，宜昌，重庆
	6	上海—瑞丽	杭州，南昌，长沙，贵阳，昆明
	7	衡阳—昆明	桂林，南宁

　　根据国家"十五"规划，国道主干线规划为高速公路，到2020年将建成五纵七横（见表4-5）12条高速公路，共计35 000km。此项规划正分期、分批、分段建设，比如成渝高速公路（成都—重庆）、成雅高速公路（成都—雅安）、成绵广高速公路（成都—绵阳—广元）、内宜高速公路（内江—宜宾）、西宝高速公路（西安—宝鸡）、西汉高速公路（西安—汉中）、沪宁高速公路（上海—南京）、沈大高速公路（沈阳—大连）、渝黔高速公路（重庆—贵阳）等等，都是其组成部分。

　　2005年报送国务院审议通过的《国家高速公路网规划》确定建设国家高速公路网的重要目标是：连接所有目前城镇人口在20万以上的城市；连接首都与各省会、自治区首府和直辖市；连接各大经济区和相邻省会级城市；完善省会级城市与地市之间、城市群内部的连接；强化长江三角洲、珠江三角洲和环渤海三大经济区之间及与其他经济区之间的联系；保障西部地区、东北老工业基地内部高速网络的合理布局和对外连接；加强对国家主要港口、铁路枢纽、公路枢纽、重点机场、著名旅游区和主要公路口岸的连接。该规划采用放射线和纵横网络相结合的布局形态，构成中心城市向外放射以及横连东西、纵贯南北的公路交通大通道，包括7条首都放射线、9条南北纵向线和18条东西横向线，简称为"7—9—18网"，总规模大约为85 000 km。预计20年建成，其中新建路段40 000 km，静态投资人民币约20 000亿元（图4-11）。

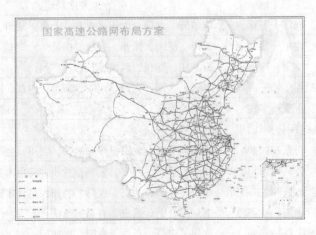

图4-11　国家高速公路网

　　四川省未来的公路建设规划也十分明确，本世纪头 20 年交通发展的总体要求是：到 2005 年，实现全省所有市州政府所在地一天到达成都；到 2010 年，实现打通和完善十二条进出川快速大通道目标；到 2020 年，实现全省一、二、三级路网高效、安全、畅通目标，彻底改变"蜀道难"的面貌。

　　具体目标是：到 2010 年公路总里程达到 140 000 km，其中高速公路2 500 km。全面建成兰州至磨憨、成都至上海两条国道主干线川境段，基本建成郎木寺经成都、攀枝花至云南界，邱家河至铁匠垭，成都至竹巴龙三条西部大通道川境段。打通和完善十二条进出川大通道：成都经郎木寺至甘肃、广元经棋盘关至陕西、达州经铁匠垭至陕西、成都经桑家坡至重庆、达州经邱家河至重庆、广安经垫江至重庆、南充经街子镇至重庆、遂宁经双龙庙至重庆、泸州经大花地至贵州、宜宾经水富至云南、攀枝花经田房至云南、康定经竹巴龙至西藏。成都至武汉、西安、昆明、贵阳等大城市均可一天到达。实现乡乡通公路，所有具备条件的县到乡镇通油路或水泥路，98% 的行政村通公路。到 2020 年，公路总里程达到 220 000 km，其中高速公路4 000 km。实现 20 万人口以上的城市通过快速通道连接；除三州（凉山、甘孜、阿坝）部分地区外，省内各县到成都的车程不超过半天；有条件的乡到行政村通油路或水泥路。

4.2.2　道路的分类

　　广义的道路可分为铁路、公路、城市道路和其他道路，而狭义的道路仅指公路，道路工程作为一门课程，则指狭义的道路。这里按广义的道路来介绍道路分类。

4.2.2.1　铁路（Railway，Railroad）

1. 按车速分类

　　（1）普通铁路：行车速度低于 200 km/h 的铁路，称为普通铁路。到目前为止，国内修建的铁路都属于普通铁路，平原地区平均时速可达 100 km 以上，而山区铁路仅 50 km 左右。成都至广元仅 300 km，快车也要走 6 小时。

　　（2）高速铁路：行车速度达到或超过 200 km/h 的铁路，称为高速铁路。高速铁路的优点在于：节省能源，保护环境，安全舒适，省时。日本和欧洲的高速铁路比较发达，且技术成熟。

　　1964 年 10 月，世界上第一条高速铁路在日本诞生，它连接着东京和大阪等大城市，称为东海道新干线，行车最高时速可达到 210 km。1975 年，日本还建设了山阳新干线，时速230 km；1982年，建成东北新干线和上越新干线，时速260 km；1983年，法国高速铁路时速达到270 km；1988年，意大利高速铁路时速达到300 km；1991年，德国高速铁路时速达到280 km。

我国未来京沪高速铁路全长约1 300 km，设计时速300 km，基础设施可满足时速350 km的需要。其中上海—徐州段将于本世纪第一个10年投资建设，预计投资200亿元人民币。

2. 按轨数分类

(1) 单轨铁路：单轨铁路，又称单线铁路。单轨铁路在我国占大多数，如成渝铁路、成昆铁路就是单轨铁路。因为只有一条线路，所以同一区间、同一时间内只能有一列列车运行，上行、下行①之间必须在车站会车（避让）。

(2) 双轨铁路：并行两条线路的铁路，称为双轨铁路或复线铁路。双轨铁路在国内占少部分（约20%），陇海线、宝成线（成都至广元段）等就是双轨铁路。在双轨铁路上行驶的上行、下行列车，互不干扰，不必避让，速度和通行能力都大大提高。

(3) 三轨铁路：并行三条线路的铁路，称为三轨铁路或复线铁路。达成铁路的遂宁到成都之间即将增建两线，成为三轨铁路。

3. 按轨距分类

(1) 标准轨距铁路：两条钢轨之间的距离为1 435 mm，偏差范围为 + 6 mm、- 2 mm，这样的铁路称为标准轨距铁路。世界各国的铁路主要采用标准轨距。中国第一条标准轨距铁路是唐胥铁路（唐山—胥各庄），主要用于运输开平煤矿开采的煤炭。

(2) 窄轨铁路：轨距小于1 435 mm的铁路，称为窄轨铁路。轨距仅1 m者，又称米轨铁路。云南省昆明—石屏这条据说是由法国人修建的米轨铁路现在仍然还在"服役"。同蒲路原为窄轨铁路，北段于1940年改为标准轨距，南段于1950年改造成标准轨距。

(3) 宽轨铁路：轨距大于1 435 mm的铁路，称为宽轨铁路。由于轨距较大，所以车体宽，侧向稳定较好。宽轨铁路很少采用。

---

① 上行、下行为我国铁路运输行业的行话。凡向北京方向行驶的列车为上行列车，背离北京方向行驶的列车为下行列车。旅客列车上行编号为偶数，下行编号为奇数，例如T8为成都→北京西、T7为北京西→成都，其中T表示为特快列车；再如K6为成都→西安、K5为西安→成都，其中K表示快速列车。

4. 按地面位置分类

按地面位置可分为地上铁路和地下铁路。我国铁路运输网中的铁路线都是地上铁路。地下铁路简称地铁，它与地面交通相对应，主要在特大城市修建。1863 年，英国伦敦建成世界上第一条地下铁路。地铁建筑包括地铁车站、区间隧道、出入口建筑物等。

4.2.2.2　公路（Highway）

1. 高速公路

高速公路是专供汽车分向、分车道行驶并全部控制出入的多车道公路。根据折合汽车①的交通量不同，可分为三种：

（1）四车道高速公路：小客车年平均日交通量 25 000 ~ 55 000 辆。

（2）六车道高速公路：小客车年平均日交通量 45 000 ~ 80 000 辆。

（3）八车道高速公路：小客车年平均日交通量 60 000 ~ 100 000 辆。

2. 一级公路

一级公路是供汽车分向、分车道行驶，并可根据需要，控制出入的多车道公路。四车道一级公路能适应小客车年均日交通量为 15 000 ~ 30 000 辆；六车道一级公路能适应小客车年均日交通量为 25 000 ~ 55 000 辆。

3. 二级公路

二级公路为供汽车行驶的双车道公路，应能适应各种车辆，折合成小客车的年均日交通量 5 000 ~ 15 000 辆。

4. 三级公路

三级公路为主要供汽车行驶的双车道公路，适应小客车的年均日交通量为 2 000 ~ 6 000 辆。

5. 四级公路

四级公路为主要供汽车行驶的单车道或双车道公路，能适应小客车的年均日交通量为：单车道 400 辆，双车道 2 000 辆。

4.2.2.3　城市道路

按照道路在路网中的地位、交通功能以及对沿线建筑物的服务功能等对城

---

① 各种类型汽车折合成小客车的折算系数：小客车 1.0，中型车 1.5，大型车 2.0，拖挂车 3.0。小客车是指 19 座的客车和载质量 <2 t 的货车，中型车指 >19 座的客车和载质量 >2 t <7 t 的货车，大型车指载质量 >7 t <14 t 的货车；拖挂车指载质量 >14 t 的货车。

市道路进行分类，目前共分四类，十级。除快速路外，每类分三级。大城市应采用各类中的Ⅰ级，中等城市应采用Ⅱ级，小城市采用Ⅲ级。

1. 快速路

设计时速 60 km ~ 80 km，路宽 40 m ~ 70 m。一般在特大城市、大城市中设立，采取分向、分车道、全立交和控制进出口等措施，以保证其快速路的特征。快速路有时又称过境高速公路、绕城高速公路。

2. 主干道

车速 30 km/h ~ 60 km/h，路宽 30 m ~ 60 m。以交通功能为主，负担城市的主要客、货运输交通，是一个城市内部交通的大动脉。

3. 次干道

车速 20 km/h ~ 50 km/h，路宽 20 m ~ 40 m。它与主干道组成路网，兼具服务功能。

4. 支路

车速 40 km/h，路宽 16m ~ 30m。支路是次干道与街坊道路的连接线，以服务功能为主。

4.2.2.4 其他道路

1. 厂矿道路

厂矿道路可分为厂内道路、厂外道路和露天矿山道路。厂内道路指厂区、库区、站区、港区内道路；厂外道路就是厂矿与外部公路、车站、码头、城镇的连接道路；露天矿山道路则是矿区内采矿场与卸车点间、厂区间行驶自卸汽车的道路。

2. 林业道路

林区内的道路，称为林业道路，它分为基本道路和营林道路。基本道路是生产、生活道路或各林场通往贮木场的道路，主要作用是运输木材，基本生产、生活物资，其次还可为地方运输服务；营林道路是植树造林专用道路。

3. 乡村道路

集镇至各居民点的支路、大路和机耕道等农村道路。供行人、非机动车、拖拉机等通行，条件好的地方为等级公路，条件差的地方为等外公路。

4.2.3 道路的组成

道路由线路、路基、路面、附属设施及桥涵、隧道等组成。桥涵、隧道将在 4.3 节单独介绍，这里介绍组成道路的线路、路基、路面和附属设施。

4.2.3.1　线路

线路就是几何线形。道路是一条三维带状的空间工程实体，它由平面、横断面和纵断面来确定方向、标高和几何形状。

图 4 - 12　回头弯

1. 平面

平面上确定路线的走向。当起点和终点确定以后，路线如何走，就是选线问题。虽说两点之间的距离以直线为最短，但受自然条件的制约，不可能实现全直线道路。因此，路线的走向是有直线、有曲线、有转折点，路线的曲直以路中线为标准。图 4 - 12 为山区道路的回头弯。

2. 横断面

在垂直于路中线的方向上作一垂直（竖直）剖面，这个剖面为横断面。它反映路基的形状和尺寸，即道路的横向几何尺寸。道路横断面包括路基、路肩、边沟、边坡、中间分隔带和曲线段的超高等尺寸。图 4 - 13 为标准横断面图，它不同于施工图（见路基剖面）。

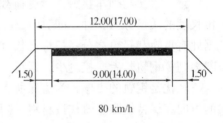

图 4 - 13　标准横断面

3. 纵断面

通过道路中线的竖向面，称为道路的纵断面。它标示出道路的纵向几何尺寸，确定线路的标高和起伏（起伏形状由竖曲线确定）。纵断面并不是一个平面，在直线段为平面，在曲线段则为曲面。

4.2.3.2　路基

路基是承受车辆荷载作用的地面结构物，根据填、挖不同可分为路堤、路堑和半填半挖路基三种。

填方路基，称为路堤，如图 4 - 14 所示。根据路堤高度不同又可分为矮路堤（低于 1.0 m）、一般路堤（1.0 ~ 18.0 m）和高路堤（高于 18.0 m）三类。挖方路基，称为路堑。路堑两旁应设排水沟。它可分为全挖式（图 4 - 15 所示）、台口式和半山洞等形式。半填半挖路基是路堤和路堑的组合形式。

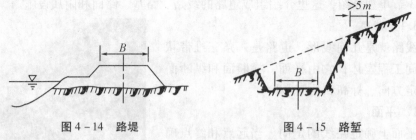

图 4 - 14 路堤　　　　　　　　　　图 4 - 15 路堑

4.2.3.3 路面

路面为道路的上部构筑物,铁路和公路有所区别。

1. 铁路路面

铁路路面结构由钢轨、轨枕、道床和道岔等部分组成。

钢轨直接与列车接触,承受荷载并引导列车运行方向。国产标准钢轨按单位长度的质量分为 5 种,即 70 kg/m, 60 kg/m, 50 kg/m, 43 kg/m, 38 kg/m,据此有重轨和轻轨之分;按标准长度分为 25 m 和 12.5 m 两种。钢轨重者,承载力高;钢轨长者,接缝少,运行平稳,感觉舒适。

轨枕是钢轨的支座,为道床所支撑。起承力、传力的作用,还能保护钢轨的方向和保持轨距。轨枕按材料不同可分为木枕和预应力混凝土轨枕两种。普通轨枕长 2.5 m,道岔上的岔枕和钢桥的桥枕长度为 2.6 ~ 4.85 m 不等。轨枕的数量一般为 1 520 ~ 1 840 根/km,与运量、行车速度和材料等因素有关。

道床是铁路路基顶面上的碎石道碴层。道床是轨枕的支座,其作用主要是把轨枕传下的车辆荷载均匀传布到路基面上,阻止轨道在列车作用下产生位移,并缓和列车的冲击作用;其次是便于排水,便于调整线路平面和纵断面。

道岔是线路与线路间连接和交叉设备的总称,设在车站区内。道岔的作用是使车辆由一条线路转向另一条线路,或者越过与其相交的另一条线路。常用的普通单式道岔如图 4 - 16 所示。

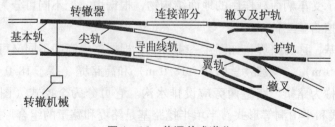

图 4 - 16 普通单式道岔

2．公路路面

公路路面自下而上由垫层、基层和面层组成。

砂石、炉碴、片石等组成路面垫层，其作用是改善土基的温度和湿度状况，隔离路基土中水的上冒或防止路面下的冰冻深度深入至土基引起春融翻浆。

基层由石灰土、水泥砂砾、碎石、砾石等材料做成。基层的作用是承受面层传来的车轮垂直力作用，并将其扩散到垫层中去。

面层包括最表面的磨耗层，它承受车轮垂直力和水平力的作用，并直接经受自然气候的影响。公路面层根据力学性能，一般分为刚性路面和柔性路面两大类。刚性路面指水泥混凝土路面；柔性路面主要有碎石路面和各种沥青路面，柔性路面具有弹性、无接缝、行车舒适性较好的特征。路面等级可分为四级：

（1）高级路面：沥青混凝土路面、水泥混凝土路面，设计年限 12～15 年。

（2）次高级路面：热拌沥青碎石混合料路面、沥青贯入式路面，乳化沥青混合料路面、沥青表面处治路面，设计年限 8～10 年。

（3）中级路面：水结碎石路面、泥结碎石路面、级配碎石（砾石）路面、半整齐石块路面，设计年限 5 年。

（4）低级路面：粒料改善土路面，设计年限 5 年。

4.2.3.4　附属设施

道路的附属设施主要包括排水设施、管理设施、安全设施、服务设施和绿化照明等。

1．排水设施

良好的排水系统，可以保证路基的稳定性、提高路基的强度[1]和抗变形的能力；提高路面结构的强度和耐久性，延长路面的使用寿命。道路排水包括地面排水和地下排水两部分。

地面排水一般采用边沟、截水沟、排水沟、跌水与急流槽等方式来排除路面、路肩、中央分隔带等处的地面水。

地下排水可采用盲沟（渗沟）和渗井等汇集水流，就近排除。若遇大量

---

[1]　工程上将材料或结构抵抗破坏的能力，称为强度（strength）。

水流，则需加设专用地下沟、管予以排除。

2. 管理设施

保证行车安全，应设置交通标志和路面标线等管理设施。交通标志设在道路上空适当位置，有指示标志、警告标志、禁令标志三类。路面标线有以下几种：

（1）白实线：不准逾越的车道分界线。

（2）白虚线：车辆可以逾越的车道分界线。

（3）白箭头线：指示车辆转弯、直行。

（4）白斑马线：城市道路人行横道。

（5）黄网格线：汽车禁停区。此区域内汽车可通行，但不允许停留。

（6）黄实线：严禁车辆逾越的车道分界线。

3. 安全设施

在公路的急弯、陡坡、高路堤、地形险峻等路段，应有安全设施。安全设施可以是防护栏、防护柱、防护墙，也可以是人行天桥、人行地道等。

4. 服务设施

公路服务设施包括车站、加油站、加气站（CNG 汽车以气为能源）、修理店、停车场、洗手间、餐厅、旅店、道班房等设施。

5. 绿化照明

道路绿化可分为保护环境绿化和改善环境绿化两类。道路照明不仅可保证夜间车辆和行人的安全，而且还可美化市容，对城市夜景和节日照明有重要影响。

公路两侧种植行道树，是公路绿化的常见方式。但在有弯道的地方，不应妨碍行车视距。城市道路绿化，可采取乔木、灌木、草皮、花卉等组合安排，以形成不同风景、不同风格。

道路照明就是设置路灯系统。照明在平面上的布置方式有沿道路两侧对称布置、交错布置，沿道路中心线单排布置，沿道路单侧布置等；在立面上的高度一般为 6～10 m。

4.2.4 道路的工程内容

道路的工程内容应包括道路规划、设计、施工、养护、大修与改造等方面的内容。

4.2.4.1 道路规划

道路规划是根据一个地区近期、远期交通量的需求，经过调查、论证后制订出需要新修、改建、扩建道路的粗略方案。它要进行可行性研究，技术经济比较，确定路线的基本走向，主要控制点，道路等级等。可同时测设几条线路，供方案比选之用。若无特殊原因，一般总是选择技术经济较优的线路，作为实施的依据。

4.2.4.2 道路设计

公路基本建设项目一般采用两阶段设计，即初步设计和施工图设计。对于小项目，可采用一阶段设计：施工图设计；对于复杂的大项目，可采取三阶段设计：初步设计，技术设计和施工图设计。

1. 设计任务

（1）线路设计平面线形，交叉口，纵断面，横断面设计。

（2）路基、路面设计。

（3）桥梁（涵洞）设计。

（4）隧道设计。

（5）附属设施设计。

2. 设计文件（成果）应包含的内容

（1）总说明书。

（2）总体设计（限于高速公路和一级公路）。

（3）路线。

（4）路基、路面及排水系统。

（5）桥梁与涵洞。

（6）隧道。

（7）路线交叉。

（8）交通工程及沿线设施。

（9）环境保护。

（10）渡口码头及其他工程。

（11）筑路材料。

（12）施工方案（施工组织计划）。

（13）设计概算（初步设计），修正概算（技术设计），施工图预算（施工图设计）。

（14）附件资料。

4.2.4.3　道路施工

道路施工主要包括路基土石方施工，路面机械化施工和附属设施施工等项目。

1. 路基土石方施工

路基施工可以采用机械施工，辅以人工施工的方法。

对于土方施工，运距较近时可采用推土机、平地机和铲运机施工；运距较远（＞100 m）时，可采用挖土机配自卸汽车施工。对路堤，需及时分层碾压，力保压实。

石方施工常采用爆破技术。可使用的炸药有黑火药（硝钾∶硫黄∶碳粉＝75∶15∶10）、TNT 炸药、硝铵炸药，引爆材料有导火线、传爆线、雷管等。

2. 路面机械化施工

路面机械化施工的程序大致是摊铺粒料，碾压或振捣，养护。路面质量的好坏，由检测结果作出评价。其评定指标主要有以下若干项：

（1）弯沉：路面在车轮荷载作用下的弹性变形量，定义为路面的弯沉，用弯沉仪测定。

（2）弹性模量：弹性模量是应力与应变之比[1]，它影响路面的整体强度和结构应力。

（3）强度值：包括抗压强度、抗拉强度、抗剪强度和疲劳强度。

（4）黏附性：沥青与矿料的黏结能力。

（5）压实度：现场密度与该材料的最大密度之比。

（6）平整度：用3 m长直尺，测量直尺与路表面间的最大间距，以 mm 为单位。

（7）摩擦系数

3. 附属设施施工

附属设施施工包括站、场建设，防护施工，路灯安装，道旁植树等方面。

4.2.4.4　道路养护

道路养护就是道路及道路设施的日常维护，它包括小修、破冰、铲雪、暴

---

① 单位面积上的内力称为应力，其法向分量为正应力 σ，切向分量为剪应力或切应力 τ；相对变形即为应变，单位长度的伸缩量称为正应变 ε，直角的改变量称为剪应变 γ。对一维拉伸而言，弹性模量 $E=\sigma/\varepsilon$。

雨排水、局部塌方的抢修等项工作，一般由路段负责，道班工人实施。

4.2.4.5　道路大修与改造

一定年限内，道路需进行大修，主要工作是基层翻修、重铺路面，改善排水条件。旧路改造是指道路的改建和扩建，主要是拓宽路面、截弯取直（部分改道）、减小坡度，目的在于提高道路等级，提高车辆通行能力。

4.2.5　路线设计概要

路线在平面上有转折、立面上有起伏，转折和起伏都必须平滑过渡，方能保证行车顺畅。道路在横向和纵向上都要求顺利排水，即需设置横坡和纵坡。所以，道路无论是在平面上还是在立面上都由直线和曲线构成。

4.2.5.1　平面线形

道路中线在平面上的投影，称为平面线形。图 4 – 17 为某段道路，可以清楚地看出其平面线形由直线、圆曲线和缓和曲线组合而成。直线、圆曲线和缓和曲线称为道路平面线形三要素。

1. 直线

两点之间以直线为最短，而且直线路段行车平稳、视距好，所以直线在道路中应用广泛。

（1）可使用直线的情形：

① 不受地形、场地限制的平坦地段或山间开阔谷地；

② 市镇及其近郊；

③ 含有较长桥梁、隧道等构筑物的路段；

④ 路线交叉点及其前后的路段；

⑤ 双车道公路提供超车的路段。

（2）直线的最大长度：长时间直线行车，易使驾驶员麻痹与疲劳，所以直线段不宜过长。

图 4 – 17　平面线形

美国规定不超过 3 分钟车程，日本和德国规定直线长度（m）不超过 $20V$（V 为行车速度，以 km/h 计。）。目前国际上还无统一标准，中国也无明确规定。

（3）直线的最小长度：同向曲线之间插入的直线如果过短，那就很容易使驾驶员产生错觉——把直线和两端的曲线看成一反向曲线或一个曲线，从而引起判断和操作失误。对于反向曲线间的直线长度，要满足超高、加宽的需要。因此规定：

同向曲线之间的直线最小长度（m）不小于 $6V$；

反向曲线之间的直线最小长度（m）不小于 $2V$。

2. 圆曲线

圆曲线具有易与地形适应、可循性好、线路美观、易于敷设等特点，在设计中被广泛使用。车辆在圆曲线上行驶，会产生向心加速度，由此而引起离心力。因离心力与半径 R 成反比，故 R 的取值不宜过小。一般取值范围如下：

（1）高速公路：R 为 400～1 000 m。

（2）普通铁路：R 为 600～1 000 m。

（3）高速铁路：R 大于 4 000 m。

它与道路等级、计算行车速度等因素有关。

3. 缓和曲线

无离心力的直线段和有离心力存在的圆曲线段之间离心力应平稳过渡，否则汽车不能正常行驶，乘客舒适度将大大降低。缓和曲线在直线末端的曲率半径为无穷大（与直线相同），在圆曲线的接头处曲率半径为 R（与圆曲线半径相同）。常用的缓和曲线是回旋线：$r l = A^2$，其中 r 为曲线上任意一点的曲率半径，l 为曲线上任意一点到坐标原点的长度，A 为参数。当圆曲线的半径 R 大到一定程度时，直线与圆曲线直接衔接，汽车也能正常行驶，这时候可以省略缓和曲线。

4.2.5.2 交叉口

公路和公路或公路与铁路的相交部位，称为道路交叉口。它是道路系统的重要组成部分，也是道路交通的咽喉所在。根据交会点竖向标高设置安排的不同，可分为平面交叉口和立体交叉口两种类型。

1. 平面交叉口（平交口）

平面交叉口设计的基本要求是：通行能力适应各条道路的要求，保证转弯车辆行驶平稳，并符合排水要求。平交口的几种常见形式如图 4 - 18 所示。

（1）十字形交叉：两条道路垂直相交，形成十字形，图 4 - 18（a）所示。十字交叉形式简单，交通组织方便，街角建筑物容易处理，适用范围广，是最基本的交叉口形式。

（2）X 形交叉：两条道路以锐角或钝角相交，形成 X 形，图（b）所示。当锐角较小时，交叉口狭长，对转弯车辆行驶不利，且锐角街口建筑物难以处理，故锐角应尽量取大值。

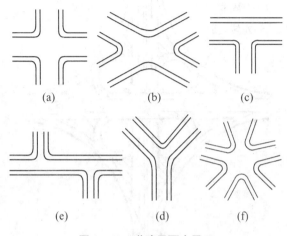

(a)　　　　　　(b)　　　　　　(c)

(e)　　　　　　(d)　　　　　　(f)

图 4 – 18　道路平面交叉口

（3）T形交叉：T形交叉是一条尽头路与另一条直行道路以近于直角相交，图（c）所示。T形交叉还包含错位交叉，它是两相隔很近的反向T形交叉，图（e）所示。它们适用于不同等级道路的交叉。

（4）Y形交叉：三条道路相交，形成Y形交叉口，图（d）所示。Y形交叉的主要道路应设于交叉口的顺直方向。

（5）多路交叉：多条道路相交，形成多路复合交叉口，图（f）所示。对于多路复合交叉口，因用地面积较大，且交通组织困难大，应用时应慎重考虑。

2．立体交叉口（立交口）

立体交叉是两条道路在不同高程上交叉，车流不相互干扰。按有无匝道连接上、下道路，可分为分离式立体交叉和互通式立体交叉两类。

（1）分离式立体交叉：这种交叉形式可分为隧道式和跨路式两种。一条道路从另一道路下面穿过，两路之间无交换道路（匝道）连接，公路与铁路相交多设计成这种形式。

（2）互通式立体交叉：互通式可分为部分互通和完全互通两类。在部分互通式立体交叉口中，至少存在一个平交口；完全互通式则为全立交，各种车辆在直行、左转、右转时互不干扰。图 4 – 19 为典型的苜蓿叶式立交口的平面图。

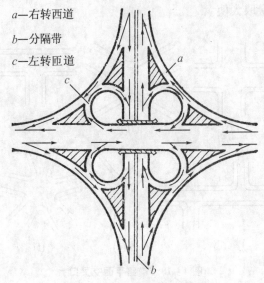

图 4 - 19　互通式立体交叉

4.2.5.3　纵断面

道路纵断面，反映道路所在地地面的起伏和设计纵坡。道路的纵断面如图 4 - 20 所示，它由直线段和曲线段构成。直线段又称坡度线，曲线段又称竖曲线。

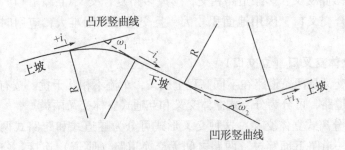

图 4 - 20　道路纵断面

1.　坡度线

坡度线分为上坡和下坡，设计时坡度应满足要求，坡长也应在规定的范围之内。

（1）坡度：《公路工程技术标准》JTG B01 - 2003 对各级道路纵坡作出了

规定，见表 4 - 6。特殊情况下，最大纵坡可增加 1% 。

（2）坡长：从行车安全、乘客舒适度和视距保证等条件出发，坡长 l 应限制在一定范围之内，即应满足条件 $l_{\min} \leqslant l \leqslant l_{\max}$。最小坡长与公路等级和计算行车速度有关，见表 4 - 6；最大坡长取值在 200 ~ 1 200 m 之内，坡长不仅与公路等级、计算行车速度有关，还与纵坡坡度有关，具体值可查阅 JTG B01 - 2003。

表 4 - 6　公路的最大纵坡和最小坡长

计算行车速度（km/h）	120	100	80	60	40	30	20
最大纵坡（%）	3	4	5	6	7	8	9
最小坡长（m）	300	250	200	150	120	100	60

（3）缓和坡段：犹如楼梯超过一定踏步时应设休息平台一样，当纵坡长度达到一定极限值时，应设一段缓坡，用以恢复在陡坡上降低的车速。一般缓和坡段的坡度 ≤3% ，长度 200 ~ 1 200 m。

2. 竖曲线

如图 4 - 20 所示，上坡和下坡之间的曲线为凸曲线，下坡与上坡之间的曲线为凹曲线。竖曲线一般用二次抛物线，设计时需要确定曲线半径、长度。竖曲线的最小半径和最小长度需满足相应的规定。

4.2.5.4　横断面

道路横向设计主要考虑路幅组成、路拱尺寸和弯道超高值等。

1. 路幅组成

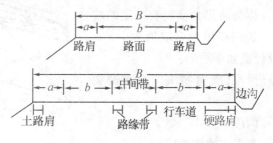

图 4 - 21　路幅组成

道路两侧路肩外缘之间的部分，称为路幅。道路按路幅可分为单幅路和双幅路，如图 4 - 21 所示。

（1）行车道宽度 b：按每个车道 3.75 m（或 3.5 m）考虑。双车道 $b =$ 7.5 m（或 7.0 m），四车道 $b = 2 \times 7.5$ m（或 2×7.0 m），以此类推。

（2）路肩宽 a：路肩的作用在于保护路面和绿化，供汽车临时停放和非机动车、行人来往。路肩分土路肩和硬路肩两种。路肩宽度 a 应满足相应要求，对计算行车速度 120 km/h 的高速公路硬路肩一般取 3.00 m 或 3.50 m，土路肩取值 0.75 m。

（3）中间带：高速公路必须设置中间带，一级公路一般应设中间带。中间带起分隔作用，也可以作成绿化带，成渝高速公路重庆段就是这样设计的。中间带的宽度应满足相应要求。

2. 路拱尺寸

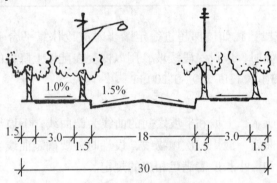

图 4 – 22　道路横断面

图 4 – 22 为典型的城市道路横断面图。路面沿横向的曲线，称为路拱。横向有一定的坡度，以利于排水。道路横坡通常取值为 1% ～ 4%。路拱一般设计成如下线形：

（1）抛物线形：二次抛物线，三次抛物线。

（2）直线形：两段直线。

（3）折线形：若干直线段构成。

3. 弯道超高值

车辆在曲线段行驶要产生离心力，为抵消这个力对车辆的作用，将路面做成外侧高于内

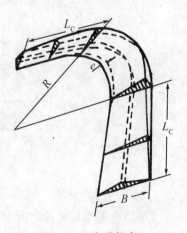

图 4 – 23　弯道超高

侧的单向横坡形式，这称为弯道上的超高（图 4 - 23 所示）。图中 L_c 为超高缓和段，以实现双横坡到单横坡的过渡。因为汽车在弯道上行驶需要的宽度比直线上行驶的宽度大，所以当半径小于或等于 250 m 时，还应在弯道内侧加宽路面，图中加宽值为 e。

4.3　桥梁工程（Bridge Engineering）

4.3.1　桥涵与隧道

桥梁、涵洞和隧道是道路中的一段，除了路面结构与一般道路相同外，其自身的结构存在着差异。除此之外，它们也可以不作道路使用。所以，桥梁、涵洞和隧道需要单独设计、计算，成为结构工程的组成部分。

1. **桥梁**（bridge）

道路跨越江河、湖泊、山谷或其他线路而修筑的人工构造物，称为桥梁。据此，桥梁又称为跨越结构，是现代结构工程的重要分支。

桥梁既是一座功能性的结构物，也是立体造型艺术工程，具有美学价值。一座桥梁就是一处风景，一处旅游遗迹、一个典故。"窗含西岭千秋雪，门泊东吴万里船"是杜甫对唐时成都市景的描述，万里船泊于万里桥，始于万里桥。万里桥址位于成都市内，跨锦江，即今南门大桥附近，桥已不复存在。相传三国时蜀汉丞相诸葛亮在此设宴送别费祎出使东吴，祎曰："万里之行始于此。"桥因此而得名。成都人未能保存下万里桥，不能不说是遗憾。

东汉建安 13 年（公元 208 年）曹操取荆州，刘备败于当阳长坂坡。当阳桥，因长坂坡赵子龙救幼主，张翼德守桥断曹军，大吼三声，吓破敌胆（《三国演义》中，曹将夏侯杰被吓死）而千古闻名。当阳，湖北省西部，汉置县，现为市，竟内古迹除长坂坡外，还有关羽墓、周仓墓、玉泉寺铁塔等。

罗马帝国时代①修建的石桥，以今法国南部的 Pont du Gard（加尔德）石拱桥最为著名。该桥于公元 14 年开工建造，由著名将军阿库巴利指挥，公元

---

①　罗马国从奥古斯都（August，英文八月以其名表示）开始进入帝国时代，它分前期帝国（公元前 30 年—公元 284 年）和后期帝国（公元 284 年—476 年）。公元 395 年，狄奥多西死后，帝国正式分裂为东西两部分：西罗马帝国和东罗马帝国。公元 476 年，西罗马帝国灭亡，东罗马帝国或称拜占庭帝国一直延续到 1453 年。

18 年完成。图 4 - 24 所示，桥共分三层，顶层长 275 m，底层最大跨度 24.4 m。其中上层宽 3 m、高 7 m，用于向附近的 Nimes 镇（今尼姆城）送水，所以该桥又称为渡槽；中层宽 4 m、高 20 m，供行人通行；下层宽 6 m、高 22 m，1743 年对下层施行一侧加宽的改造，以通行车马。据说 19 世纪末，法国皇帝拿破仑三世曾进行过修复，因此图中哪些属于原来的结构、哪些是后补的部分，已无法分清。

图 4 - 24　加尔德石拱桥

2. 涵洞（culvert）

宣泄路堤下水流的构造物，称为涵洞。建造涵洞时路堤不中断。涵洞的截面形状、出入口类型，涵内水流流态等都各不相同。涵洞有四种分类方式：按涵洞中心线与道路中心线的相互关系，可分为正交涵洞和斜交涵洞两类。根据洞身截面形状不同，涵洞可分为管式涵洞、箱形涵洞和拱式涵洞三类。根据洞顶上填土情况，可分为明涵和暗涵两类。按涵洞内水的水利特性，可分为压力涵洞和无压力涵洞两类。

涵洞和桥梁之间的区别仅在于总长度 L 和跨径 L_K 上，表 4 - 7 所示。可以认为，很小很小的"桥梁"就是涵洞，而很大很大的"涵洞"就是桥梁。工程上将桥梁和涵洞的设计统一在一个规范内，比如中华人民共和国行业标准 JTG D62 - 2004《公路钢筋混凝土及预应力混凝土桥涵设计规范》就是如此。

表 4 - 7　桥涵按总长和跨度分类

名　称	总长 L（m）	单孔跨度 L_K（m）
特大桥	$L \geqslant 1\ 000$	$L_K \geqslant 150$
大桥	$100 \leqslant L \leqslant 1\ 000$	$40 \leqslant L_K < 150$
中桥	$30 < L < 100$	$20 \leqslant L_K < 40$
小桥	$8 \leqslant L \leqslant 30$	$5 \leqslant L_K < 20$
涵洞	—	$L_K < 5$

3. 隧道（tunnel）

建造在山岭、河道、海峡及城市地面以下，供车辆、行人、水流、管线等通过，或供采掘矿藏、军事工程等使用的地下建筑物或构筑物，称为隧道。

隧道可以按所处位置不同，分为山岭隧道、水底隧道和城市隧道三类；也可以按用途不同分为交通隧道和运输隧道两类。隧道属于结构工程领域，其组成包括主体建筑物和附属建筑物两大部分，其中主体建筑含洞门和洞身，附属建筑含避车洞，防水、排水系统，通风、电讯设备和辅助坑道。

世界上第一座交通隧道建于公元前 2180—前 2160 年，位于巴比伦（Babylon）城①中幼发拉底河下，供行人通行之用。

中国周朝就有关于隧道的史实。《左传·隐公元年》②："阙（掘）地及泉，遂而相见。"《左传·襄公二十五年》："陈侯会楚子伐郑，当陈隧者，井堙木刊。"中国考古发现，在今陕西省大荔县铁镰山有古代修筑的水底隧道遗迹。

世界上最长的海底隧道为日本青函隧道。该隧道全长 53.85 km，埋深 100 m，海水深度 140 m。它越过津轻海峡，连接本州的青森和北海道的函馆，从 1964 年开工到 1988 年建成通车，历时 24 年，耗资 46 亿多美元。英国和法国之间横穿多佛尔海峡（或加来海峡）的英法海底隧道，长 50.5 km，位居第二。修建于 1988~1993 年，耗资 150 亿美元。

中国人自己修建的第一条铁路交通隧道是"八达岭隧道"，全长 1 091 m，是京张铁路的控制工程之一。中国最长的铁路隧道是修建于 20 世纪末期的"秦岭隧道"，位于西康铁路线上，全长接近 20 km。中国公路隧道中，川藏公路（成都—拉萨）线上的"二郎山隧道"比较艰巨。川藏公路原是翻越二郎山，坡陡、路窄、道险，事故不断。20 世纪 90 年代，政府改造川藏路，修建二郎山隧道。不仅可缩短里程和行程，而且使进藏车辆更加安全、舒适。

4.3.2　桥梁的组成

桥梁结构由上部结构和下部结构组成，图 4-25 所示。该图为 20 世纪 80

---

① 巴比伦城是古代"两河流域（即美索不达米亚）"最大城市，曾为古巴比伦王国和新巴比伦王国首都，遗址在今伊拉克首都巴格达之南。

② 《左传》又称《春秋左氏传》或《左氏春秋传》，与《穀梁传》、《公羊传》并称三传。《左传》为儒家经典之一，相传为春秋时期左丘明所撰。用事实解释《春秋》，起于鲁隐公元年（公元前 722 年），终于鲁悼公四年（公元前 464 年）；其中叙事部分，更至悼公十四年，比《春秋》多出十七年。它是中国古代的一部史学和文学名著。

年代建于长江上游金沙江①上的六座桥梁之一。

图 4 - 25　桥梁组成

4.3.2.1　上部结构

桥梁的上部结构由桥跨结构和附属设施构成，简述如下：

1. 桥跨结构

桥跨结构是跨越障碍的主要承力部分，它包括以下构件。

（1）拱（arch）：外形为弧形的建筑结构，在竖向荷载作用下主要承受压力。

（2）梁（beam）：水平构件，在竖向荷载作用下主要受弯。

（3）加劲肋：为提高结构刚度②而设置的横向短构件。

（4）拉索、悬索：钢丝绳索，承受拉力。

（5）桥面板：承受车辆荷载的板。

（6）桥面铺装层：即桥面（路面）面层。

2. 附属设施

桥梁上部结构的附属设施，主要有照明设施、防护设施、排水设施和信号标志。

4.3.2.2　下部结构

下部结构是支承桥跨结构并将恒载和车辆活载传至地基的构筑物。它包括桥梁的墩台、支座和基础。

---

①　金沙江指长江上游自青海省玉树县至四川省宜宾市的一段，长 2 308 km。

②　工程上将构件抵抗变形的能力，称为刚度。在外力作用下不变形者，称为刚体（rigid body）。刚体在现实中并不存在，实际结构构件在外力作用下都会发生变形，人们称之为变形固体（deformable body）。

1. 桥台（abutment）

桥的两端用以支承桥身并挡住桥头填土的建筑物，称为桥台。桥台常用石材（料石）、混凝土、钢筋混凝土等材料筑成，除了承受桥跨荷载以外，还承受土压力作用。桥台分重力式桥台和轻型桥台两种。

利用自身和台后填土的自重保持稳定的桥台，称为重力式桥台。常用的重力式桥台为 U 形桥台，图 4 - 26 所示。以结构物的整体刚度和材料强度承受外力，体积轻巧，自重小，故称轻型桥台。这种桥台对地基的强度要求较低，应用范围广泛。

2. 桥墩（pier）

多孔桥的中间支承，称为桥墩。桥墩可用砖、石、混凝土、钢筋混凝土等材料修筑，它由墩帽、墩身构成，图 4 - 27 所示。桥墩也分重力式桥墩和轻型桥墩两类。

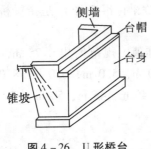

图 4 - 26　U 形桥台

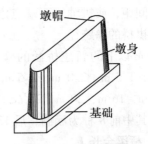

图 4 - 27　重力式桥墩

3. 支座（support）

桥梁上部结构与墩台之间的传力装置，称为支座。其作用是传递上部结构的支承反力，保证结构在活载、温度变化、混凝土收缩和徐变等因素作用下的自由变形。常用支座有：

（1）简易垫层支座：由 10 mm 以上油毛毡或石棉垫层构成。

（2）弧形钢板支座：由两块厚度为 40～50 mm 铸钢制成的上、下垫板构成，上板平，下板成弧形。可承力在 600 kN 以内。

（3）钢筋混凝土摆柱支座：两弧形钢板之间加入钢筋混凝土短柱，支座高度 20 cm，可承力 500～600 kN。

（4）橡胶支座：由氯丁橡胶夹薄钢板而成。常用有板式橡胶支座和盆式橡胶支座两种。国产盆式橡胶支座的竖向承载力分12个级别，最小1 000 kN，最大20 000 kN。

4. 基础（foundation）

位于桥台、桥墩的底部，将全部荷重传至地基，可起到扩散作用。基础底面尺寸应由地基的承载力和沉降条件决定。按埋置深度划分，基础有浅基础（5 m以内）和深基础（桩、沉井）两类。

大型桥梁的基础多为深基础。它深埋于地下、水下，施工难度大，工期受气候、水文影响，基础投资可高达总造价的30%。

4.3.2.3 相关术语（relative terminology）

1. 跨径（span）

桥梁一孔跨越的长度，称为桥梁的跨径或跨度。桥梁净跨径 l_0 的定义对于梁桥和拱桥各不相同：梁桥为设计洪水水位以上相邻两墩台之间的净距离，拱桥为每孔两拱脚截面最低点的水平距离（图4－28）。桥梁计算跨径 l 为支座中心间距，或拱轴线两端点之水平距离。桥梁标准跨径 l_b 是指梁桥的墩中心距或拱桥的净跨径。

50 m以下的新建桥涵的跨径应采用标准值，规范给出0.75 m、1.0 m、1.25 m、1.5 m、2.0 m、2.5 m、3.0 m、4.0 m、5.0 m、6.0 m、8.0 m、10 m、13 m、16 m、20 m、25 m、30 m、35 m、40 m、45 m、50 m共21种可供选择。其中前8种为涵洞，后13种为桥梁。

2. 桥梁全长 L

桥梁全长简称桥长、全长，用 L 表示。它指两端桥台侧墙（图4－24所示，）后端点之间的距离，或桥面行车道的全长。

3. 矢高（arch rise）

矢高是表征拱桥拱高度的参数，图4－28所示。拱顶截面下缘至相邻两拱脚截面下缘最低点连线的垂直距离，称为拱的净矢高，用 f_0 表示。拱顶截面形心到相邻拱脚截面形心连线的垂直距离，定义为拱的计算矢高，用 f 表示。

拱的计算矢高与计算跨度之比，称为拱的矢跨比，即 f/l。矢跨比是反映拱受力特性的重要指标。

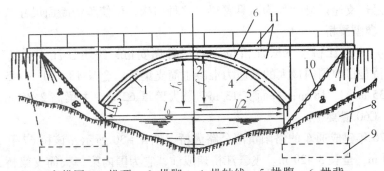

1. 主拱圈　2. 拱顶　3. 拱脚　4. 拱轴线　5. 拱腹　6. 拱背
7. 起拱线　8. 桥台　9. 桥台基础　10. 锥形护坡　11. 拱上建筑

图 4 - 28　拱桥各部分名称

4.3.3　桥梁分类

桥梁分类的方式很多。按用途分，有铁路桥、公路桥、铁路公路两用桥、输水桥（渡槽）、管线桥、人行桥；按材料分，有木桥、石桥、铁桥、混凝土桥、钢筋混凝土桥，其中木桥现已很少采用；按所跨越的障碍物分，有跨河（江）桥、跨湖桥、跨海桥、跨（山）谷桥（高架桥）、跨线桥；按受力方式分，有梁桥、拱桥、刚架桥、桁架桥、斜拉桥和悬索桥等。

4.3.3.1　梁桥（beam bridge）

梁桥就是梁式桥。梁为主要受力构件，在外载荷作用下，结构受弯。一般由钢筋混凝土、预应力混凝土或钢材修建，其跨越能力一般较小。

1. 梁桥形式

图 4 - 29 所示，梁桥有三种形式，自上而下依次为简支梁桥、连续梁桥和悬臂梁桥。

（1）简支梁桥：每梁跨越一孔，两端支于桥墩、桥台上，它是应用最广，构造简单的梁式桥。相邻桥孔各自单独受力，故可设计成标准跨径和装配式构件。

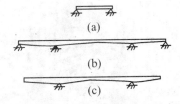

图 4 - 29　梁桥的三种形式

（2）连续梁桥：承重结构连续跨过几个桥孔，受力情况优于简支梁桥。同样跨径、荷载下可使截面减小、节省材料，相同的跨径和断面，承载力可提高。

（3）悬臂梁桥：承载结构的长度超出跨径，仅一端悬出者称为单悬臂梁，两端均悬出支座以外者称为双悬臂梁。这种结构，可使跨中断面尺寸减小。

2. **典型梁桥**

（1）飞云江桥：飞云江桥位于浙江省瑞安市，跨飞云江，建成于 1988 年。该桥是目前国内最大的预应力混凝土简支梁桥，全长 $18 \times 51\ m + 5 \times 62\ m + 14 \times 35\ m = 1\ 718\ m$；桥面宽 13 m，最大跨度 62 m。主梁高 2.85 m，间距 2.5 m，C60 混凝土。

1976 年建成通车的洛阳黄河公路大桥，图 4 - 30 所示。该桥 67 孔，每孔跨径 50 m，全长 3 429 m。飞云江桥建成前，它为国内第一大简支梁桥，现在退居第二位。建洛阳黄河公路大桥时，还专门研制了预应力梁起吊设备。

图 4 - 30 洛阳黄河公路大桥

（2）六库怒江桥：六库怒江桥位于云南省西部怒江傈僳族自治州州府六库镇，跨怒江，建成于 1991 年，图 4 - 31 所示。它是国内第二大的预应力混凝土连续梁桥，全长 $85\ m + 154\ m + 85\ m = 324\ m$，最大跨径 154 m。三跨变截面箱梁，支点处梁高 8.5 m，跨中梁高 2.8 m。

图 4 - 31 六库怒江桥

国内最大的预应力混凝土连续梁桥为 1996 年建成通车的广东省南海市九江公路大桥，主桥跨度为：50 m + 100 m + 2 × 160 m + 100 m + 50 m = 620 m，最大跨径 160 m。

世界上最大跨度的预应力混凝土简支梁桥为奥地利的阿尔姆（Alm）桥，建于 1977 年，跨度 77 m；最大跨度的预应力混凝土连续梁桥为巴西的瓜纳巴拉（Guanabara）桥，建于 1974 年，跨度 300 m。

4.3.3.2　拱桥（arch bridge）

弧形拱圈或拱肋承重，以受压为主。可用抗拉能力弱、抗压能力强的圬工材料（砖 brick、石 stone、混凝土 concrete）和钢筋混凝土来建造。拱的曲线有圆弧、抛物线和悬链线，相应的拱称为圆弧拱、抛物线拱和悬链线拱。

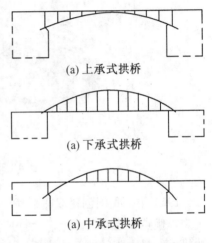

(a) 上承式拱桥

(a) 下承式拱桥

(a) 中承式拱桥

图 4 - 32　拱桥的三种类型

1. 拱桥分类

按上部结构的行车道位置不同，拱桥分为上承式拱桥、中承式拱桥和下承式拱桥，图 4 - 32 所示。桥面布置在主要承重结构——拱之上，称为上承式拱桥；石拱桥，混凝土拱桥多属上承式。桥面布置在拱之下的拱桥，称为下承式拱桥；这种桥拱和桥道之间通过吊杆（或绳索）传力。桥面布置在拱的中部，这类拱桥称为中承式拱桥；提蓝式拱桥，彩虹桥是中承式的例子。

2. 典型拱桥

（1）现代石拱桥：重庆丰都九溪沟石拱桥，建于 1972 年，主孔跨径 116 m，为当时同类桥梁世界第一，1978 年邮电部为此发行特种纪念邮票，图 4 - 33 所示。

乌巢大桥位于湖南省西部的凤凰县，建成于 1990 年。它由两条矩形分离式石砌肋板拱组成，拱肋之间有 8 条钢筋混凝土横系梁相连，主跨 120 m，矢跨比 1/5。

丹河大桥位于山西晋城市郊，建成于 2000 年，图 4 - 34 所示。该桥是晋焦高速公路上跨丹河的一座大型桥梁，主跨为 146 m，全空腹式变截面板拱，

跨径组成为 $2 \times 30m + 146m + 5 \times 30m$，桥梁全长 413.7 m。它是国内目前跨度最大的石拱桥。

图 4-33　九溪沟石拱桥

1964 年，我国创建双曲拱桥。它具有用料省、造价低、施工简便、外形美观等优点，已在公路上广泛推广。建成于 1995 年的绵阳涪江二桥，就是双曲拱桥。最大跨径的双曲拱桥为河南省前河大桥，建于 1969 年，跨度 150 m。

图 4-34　丹河大桥

（2）万县长江大桥：万县长江大桥位于重庆市万州区（原四川省万县），是 318 国道跨长江的大桥，建成于 1997 年，图 4-35 所示。该桥为上承式钢管混凝土劲性骨架箱形截面拱桥，单跨过江，净跨 420 m，建成时居同类桥型世界第一。

图 4 – 35　万县长江大桥

（3）巫山长江大桥：巫山长江大桥位于三峡风景区之巫峡入口处，结构形式为中承式钢管混凝土双肋拱桥，主桥净跨 460 m，全桥跨径组合为 6×12 m + 492 m + 3×12 m，总体布置立面图如图 4 – 36 所示。

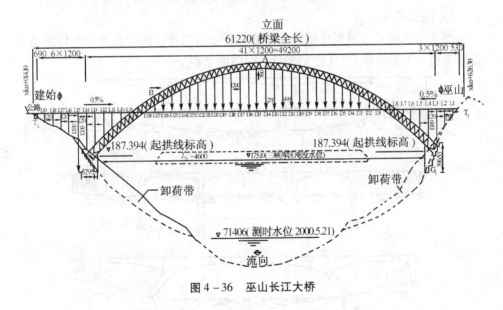

图 4 – 36　巫山长江大桥

3. 世界大跨度拱桥一览

按跨度排名，世界上前 8 位拱桥见表 4 – 8。由表可知，8 座特大拱桥中，中国占 3 座，我国拱桥建设已跃居世界先进行列。

表 4 - 8   世界大跨度拱桥表

序号	桥名	主跨(m)	拱肋	桥址	年份
1	泸浦大桥	550	钢箱	中国	2000
2	新河峡大桥	518.2	钢桁架	美国	1977
3	贝永桥	504	钢桁架	美国	1931
4	悉尼港湾桥	503	钢桁架	澳大利亚	1932
5	巫山长江大桥	460	钢管混凝土	中国	2004
6	万县长江大桥	420	钢骨混凝土	中国	1997
7	克拉克 I 桥（KRK I）	390	混凝土箱拱	前南斯拉夫	1980
8	弗里芝特桥	383	钢拱	美国	1973

4.3.3.3   刚架桥（rigid frame bridge）

梁（beam）和柱（column）刚性连接①组成的结构，称为刚架（rigid frame）。刚架桥中，梁、柱整体受力，它们同时受弯、受压、受剪。

1. 刚架桥分类

图 4 - 37 所示，刚架桥根据结构形式可分为三类，图中自上至下依次为 T 形刚架桥（T 形刚构）、连续刚架桥、斜腿刚架桥。

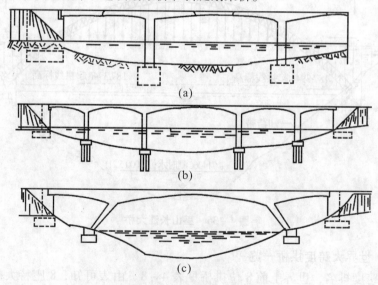

(a)

(b)

(c)

图 4 - 37   钢架桥类型

----

① 各构件在接头处无相对位移者为刚性接头，各构件在接头处可发生相对转动者为铰接接头。

2. 典型刚架桥

（1）重庆长江大桥：重庆长江大桥位于市中区和南岸之间，跨长江，建于 1980 年，为预应力混凝土 T 形钢构桥，图 4 - 38 所示。T 形钢构的伸臂梁根部高 11 m，端部高 3.2 m，由两个单室箱梁组成。该桥共 8 孔，跨径布置为 86.5 m + 4 × 138 m + 156 m + 174 m + 104.5 m，主跨 174 m，中间带挂梁 35 m，桥全长 1 120 m，宽 21 m，为国内同类公路桥梁之最。

图 4 - 38　重庆长江大桥

桥两头有大型人像雕塑四组，分别命名为春、夏、秋、冬。原设计为全裸，后在敏感部位加上了飘带。现已成为重庆的标志性建筑之一。

（2）虎门珠江辅航道桥：虎门珠江辅航道桥，位于广东省南部虎门，建于 1997 年，图 4 - 39 所示。跨径：150 m + 270 m + 150 m = 570 m，主跨 270 m，是目前世界上最大跨径的连续刚架桥。该桥设计 6 车道，总宽 33 m。变截面箱梁，箱梁在支座处高 14.8 m，跨中梁高 5.0 m，箱底宽 7.0 m。

3. 世界级钢架桥

按主跨排名，全球前十位的钢架桥列于表 4 - 9 中。由表可见，不仅第一位在中国，而且在十大刚架桥中，中国占据六座。

图 4 - 39　虎门珠江辅航道桥

表 4 - 9　世界大跨度刚架桥表

序号	桥名	主跨径（m）	桥长（m）	桥宽（m）	建成时间	国家
1	虎门珠江辅航道桥（广东）	270	3 618	33.00	1997	中国
2	Gateway 桥	260	1 627	22.00	1983	澳大利亚
3	黄石长江大桥（湖北）	245	2 880	19.50	1996	中国
4	Koror – Babe Ithuap 桥	241	385.2	9.60	1997	美托管地
5	滨名桥	240	630	8.50	1976	日本
6	Bendorf 桥	208	524.7	30.86	1964	德国
7	洛溪大桥（广东）	180	1 916	15.50	1988	中国
8	安康汉江桥（陕西）	176	542	单轨	1982	中国
9	重庆长江大桥（重庆）	174	1 120	21.00	1980	中国
10	泸州长江大桥（四川）	170	720	16.00	1982	中国

4.3.3.4　桁架桥（truss bridge）

　　杆件与杆件之间铰接接头，每根杆件均为二力杆（要么受拉，要么受压），这样的结构称为桁架。由桁架可以组成梁、拱等形式。图 4 - 40 为建造于 1840 年的铁路高架桥，该桥位于英国的威尔士（Wales），各铁杆件由销钉连接而成。

世界上第一座真正意义上的钢桥在美国的圣路易斯（Saint Louis）市，图4 - 41 所示。基本结构为桁架，所以又称为钢桁架桥。

图4 - 40 早期桁架铁桥　　　　　图4 - 41 世界上第一座钢桁架桥

我国现有钢桁架桥的记录为：

（1）公路桁架桥：公路连续钢桁梁桥——山东北镇黄河大桥，$l = 120$ m，1971 年建成；公路连续钢桁拱桥——四川渡口（攀枝花）的金沙江桥，$l = 180$ m，1996 年建成。

（2）铁路桁架桥：铁路简支钢桁梁桥——成昆线金沙江三堆子桥，$l = 192$ m，1969 年建成；铁路连续钢桁梁桥——四川宜宾金沙江桥，$l = 176$ m（四跨连续），1968 年建成。

美国西弗吉尼亚州跨越新乔治河的大峡谷桥是目前世界上跨度最大的钢桁架拱桥。该桥建于 1977 年，跨度 518.2 m，桥宽 22 m，桥面高出河面 268 m。

4.3.3.5 斜拉桥（cable - stayed bridge）

斜拉桥由主梁、塔柱和拉索三部分组成，图4 - 42 所示。拉索受拉，塔柱主要受压。

1. 斜拉桥的类型

斜拉桥按拉索布置不同，可分为放射形斜拉桥、竖琴式斜拉桥和扇形斜拉桥；按索面的数目不同，又可分为单索面斜拉桥、双索面斜拉桥、三索面斜拉桥和四索面斜拉桥等；按塔柱数目分，有独塔斜拉桥、双塔斜拉桥。

图 4 - 42　斜拉桥

2. 塔柱形式

斜拉桥的塔柱形式，从立面上看，有独柱形、A 形和倒 Y 形三种；从行车方向看，有独柱形、双柱形、门形、H 形、A 形、宝石形、倒 Y 形等。

3. 国外斜拉桥

1955 年，瑞典建成世界上第一座现代化斜拉桥，跨径 74.7 m + 182.6 m + 74.7 m = 332 m，

门形框架塔，放射形拉索，加劲梁由两片板梁组成。1999 年建成的日本多多罗桥，主跨径达 890 m，在斜拉桥中位居世界第一。

4. 国内斜拉桥

中国第一座现代斜拉桥为 1975 年建成的重庆云阳斜拉桥，跨径 76 m。上海杨浦大桥，是一座现代化的斜拉桥，该桥建于 1993 年，跨径 602 m，双塔双索面，主塔高 144 m，钻石形塔柱，为当时世界上最大跨径的斜拉桥。

重庆长江二桥建于 1995 年，主跨 444 m，钢筋混凝土主梁。重庆大佛寺长江大桥于 2001 年 8 月 28 日合龙，该预应力混凝土斜拉桥全长 1 176 m，主跨 450 m，塔高 206 m，桥宽 30.6 m，采用了主塔爬模施工和牵索挂篮施工新工艺。

南京长江二桥，2001 年建成通车，全长 21.197 km，主桥为钢箱梁斜拉

桥，跨度 628 m，现居中国斜拉桥第一。

正在建设中的苏通长江大桥，位于江苏省东南部长江口南通段，连接苏州、南通两市，该桥主桥为跨径达 1 088 m 的斜拉桥，预计 2009 年建成后将成为斜拉桥中的世界第一。

东海大桥起始于上海南汇区芦潮港，北与沪芦高速公路相连，南跨杭州湾北部海域，直达浙江嵊泗县小洋山岛。东海大桥工程 2002 年 6 月 26 日正式开工建设，2005 年 5 月 25 日实现了全线结构贯通，2005 年底建成通车。东海大桥由陆上桥梁，海上桥梁和海堤、开山路组成。总长 32.5 km，总宽 31.5 m，设双向六车道，分上下行双幅桥面，设计行车速度 80 km/h。这是我国第一座外海跨海大桥，是上海国际航运中心深水港工程的一个组成部分。东海大桥陆上桥梁采用 30 m 跨预应力混凝土连续等高度箱梁，梁高 1.6 m，每 5 跨一联；海上非通航段桥孔采用 60 m、70 m 跨预应力混凝土连续箱梁，梁高分别为 3.5 m、4.0 m，每 5~6 跨为一联，联长 350 m 左右；大桥的海上设三个副通航孔，跨度分别为 120 m、140 m 和 160 m，采用变高度预应力混凝土连续梁桥；主通航孔采用跨径为：73 m + 132 m + 420 m + 132 m + 73 m = 830 m，双塔单索面钢和混凝土组合梁斜拉桥，全长 830 m，半漂浮体系，扇形索面布置，如图 4-43 所示。主塔采用倒 Y 形塔，塔高 148 m。离海面净高达 40 m，相当于 10 层楼高，可满足万吨级货轮的通航要求。

图 4-43 东海大桥

4.3.3.6 悬索桥（suspension bridge）

悬索桥又称吊桥，是现行跨径超过 600 m 优先考虑的桥型。它由悬挂于塔架上的强大缆绳承力（拉力），绳由高强度钢丝制成，两岸锚固。缆绳锚固方式有两种，地锚和重力锚。2000 年底建成通车的重庆鹅公岩长江大桥，见图 4-44 所示。该桥南岸一侧采用的就是地锚，缆绳锚固在数十米深的洞内。其主缆绳为 110 束×2，每束由 91 根直径 5.3 mm 的高强度镀锌钢丝组成，由上海生产；主梁为钢箱梁，重庆当地生产。总投资人民币 15.2 亿元。

图 4-44 鹅公岩长江大桥

典型悬索桥有：

1. 金门大桥

金门大桥为悬索桥，位于美国西海岸的旧金山，建成于 1937 年，见图 4-45 所示。桥跨组成为 343 m+1 280 m+343 m，主跨 1 280 m，6 车道。金门大桥建成后保持了 27 年的世界第一，直到 1964 年美国另一座大桥丰拉扎诺大桥（主跨1 298 m、两个边跨各370 m）建成为止。

图4-45　金门桥

2. 江阴长江大桥

江阴长江大桥，位于江苏省江阴市，为国道主干线（同江—三亚）跨长江，1999年建成。桥面宽33.8 m，全长2 888 m，过江跨度组成为328 m + 1 385 m + 295 m，主跨1 385 m，居中国第二名。

江阴长江大桥主塔高190 m，桩基础为直径2.0 m的大直径桩96根，埋深58 m。南岸拉索采用重力锚，用90 000 m^3混凝土浇筑；北岸拉索采用地锚（96 m长，51 m宽，58 m深之大型沉井）。总投资人民币20.868亿元。

3. 润杨长江大桥

润杨长江大桥跨越长江，连接镇江与扬州。整个大桥分南汊悬索桥，北汊斜拉桥以及相连的高架桥和南北引桥，于2005年5月建成通车。其中，南汊悬索桥（图4-46所示）主跨径为1 490 m，为目前中国第一，世界第三。

图4-46　润杨长江大桥

4. 明石海峡大桥：

连接神户与淡路岛的日本明石海峡大桥于1998年建成通车，见图4-47所示。该桥为4车道，大跨度悬索桥，跨度划分为：960 m + 1 991 m + 960 m

=3 911 m，主跨 1 991 m，为世界第一，也是 20 世纪人类跨越长度的纪录，有人称之为"桥王"。

图 4 – 47　明石海峡大桥

4.3.4　桥梁之工程内容

1. 桥渡设计

作为前期设计阶段，需进行工程可行性研究，从政治、经济、国防等方面详细阐明建桥理由和工程建设的重要性、必要性，同时探讨技术上的可行性。还需确定以下内容：

（1）选桥址、定桥位。

（2）决定孔径。

（3）确定桥面标高，基础埋深。

（4）设计导流建筑物。

2. 方案比选

大型桥梁通常按三阶段设计，方案比选在初步设计阶段进行。设计多个方案，供比较选择。应含以下内容：

（1）桥跨结构型式、体系。

（2）附属设施。

（3）工程概算。

（4）技术经济比较。

从理论上讲，造价低、用料省、工期短的方案就是优秀方案，但这种优秀方案不一定能被选中，因为还要综合考虑其他因素。比如，重庆的跨长江大桥，选用不同的桥型，几百万、几千万、一亿左右的投资都可以实现，但鹅公岩长江大桥却选择了耗资 15.2 亿元的悬索桥。为什么呢？因为要形成不同风格，增加城市景点，为旅游服务。在此之前，长江上已有刚构桥，斜拉桥、悬索桥自然是一种新桥型。

3. 桥跨结构设计

桥型确定以后，桥跨结构设计的主要工作包括：

（1）拟定各种构件的尺寸，选择建桥材料。

（2）受力分析。

（3）承载力计算，变形验算。

（4）修正截面尺寸。

（5）画施工图。

（6）工程预算。

4. 桥梁施工

桥梁施工应包含以下要点：

（1）选择施工方法。

（2）施工组织设计。

（3）现场施工。

5. 检定与维护

（1）实测桥梁承载力、变形值。

（2）定期维护：包括桥面维护、翻修，拉索防锈，调整张力，更换支座等工作。

4.3.5　中国古今名桥

1. 赵州桥

赵州桥又名"安济桥"，位于河北省赵县城南洨河之上。它是我国现存的最古老的大石拱桥，公元 605 年由李春创建。建于公元 590 年至公元 608 年（隋朝）的河北赵县赵州桥，是世界上最早的敞肩式单孔圆弧弓形石拱桥，至今保存完好。该桥全长 50.82m，桥面约 10m，跨度 37.02m，采用 28 条并列的石条砌成拱券形成。反映了当时世界建桥技术的最高水平。该桥于 1953 年—1958 年间进行修缮过，现为全国重点文物保护单位，见图 4 - 48 所示。

拱上有四个小拱，便于排洪又可减轻自重，且更显美观。该桥无论在材料使用、结构受力、艺术造型和经济上都达到了极高的成就。

图 4 - 48　赵州桥

2. 洛阳桥

洛阳桥又称"万安桥"，在福建省泉州市东北同惠安县交界的洛阳江上，是我国著名的梁式古石桥。它建于宋朝 1053 年至 1059 年，原有扶栏 500 个，石狮 28 只，石亭 7 所，石塔 9 座。分 47 孔，共 800 余米。新中国成立以后，改建了上部结构，以通汽车，图 4 -49 所示。

图 4 - 49　洛阳桥

该桥修建时，以磐石铺遍江底，是现代筏形基础的开端。用养殖海生牡蛎的方法胶固桥基，使其成为整体，此乃绝无仅有的造桥方法。

有蔡状元修洛阳桥的传说和戏曲。蔡状元者，蔡襄也，福建人，生于 1012 年，卒于 1067 年，官至端明殿学士。善书法，为宋朝"苏、黄、米、蔡"四大家之一，传世碑刻《万安桥记》。

3. 芦沟桥

芦沟桥又称"卢沟桥"，位于北京市南部，跨越卢沟河（今永定河）。始建于 1189 年，成于 1192 年（金国），清初重修。桥长 265 m，宽约 8 m，由

11 孔石桥组成。桥旁建有石栏，其上刻有石狮 485 个，姿态各殊，生动雄伟，图 4 - 50 所示。

　　"卢沟桥事变"就发生在这里。1937 年 7 月 7 日，日本鬼子制造卢沟桥事变（史称"七七事变"），揭开了中国人民 8 年抗战之序幕。该桥现为国家重点文物保护单位，桥旁建有抗战纪念馆。

图 4 - 50　芦沟桥

　　4. 湘子桥

　　湘子桥又名"广济桥"，位于广东省潮州市，跨越韩江。始建于宋乾道六年（1170 年），历 300 余年方全部完成。全长 517.95 m，共 20 墩 19 孔，上部有石拱、木梁、石梁等多种形式，还有用 18 条浮船组成的开合式浮桥。唐朝韩愈曾在潮州为刺使，传说其族侄韩湘子得道成仙，为八仙之一，故桥以湘子为名，见图 4 - 51 所示。

图 4 - 51　湘子桥

该桥是世界上最早的开合式桥。清代曾进行过修复，新中国进行了改建和扩建。"湘桥春涨"为潮州胜景之一。

5. 泸定桥

泸定桥位于四川省泸定县城西大渡河上，建于 1706 年（清康熙 45 年），为铁链吊桥。跨长约 100 m，宽约 2.8 m，由 13 条锚固于两岸的铁链组成。

1935 年，红军长征途中，曾强渡此桥，毛泽东诗曰"金沙水拍云崖暖，大渡桥横铁索寒。更喜岷山千里雪，三军过后尽开颜"该桥因此而举世闻名，现已成为爱国主义教育基地。

6. 安澜桥

安澜桥又名"夫妻桥"，位于四川省成都市都江堰。它是前清秀才何先德夫妇化缘捐资建于 1803 年（嘉庆 8 年），是世界上最著名的竹索桥。桥长 340 m 有余，用木桩分成 8 孔，最大跨径 61 m。全桥由竹篾编成粗 5 寸的 24 根竹索组成，其中桥面索和扶栏索各半。1974 年，改建成铁索桥，并将河中木桩改成钢筋混凝土桩，图 4 - 52。

图 4 - 52　安澜桥

7. 江村桥

江村桥位于苏州寒山寺山门前。初建年代已无法考证，19 世纪后期进行了再建。桥型为拱形，适合于地势较低的江南水乡的通航要求。

该桥与枫桥一样，因寒山寺而闻名，它具有世界性的知名度。因寒山寺与日本宗教界的渊源，来此朝拜的东洋人较多，故该桥在日本相当闻名，图 4 - 53。

图 4 - 53　江村桥

8. 钱塘江大桥

钱塘江大桥位于浙江省杭州市，跨越钱塘江联系沪杭、浙赣两铁路。桥长 1 322 m，1937 年 9 月建成。它由茅以升先生设计建造，是我国最早自建的铁路、公路两用桥，现在仍然为经济建设发挥作用，图 4 - 54。

图 4 - 54　钱塘江大桥

9. 武汉长江大桥

武汉长江大桥位于武汉市汉阳龟山和武昌蛇山之间，是我国第一座跨越长江的大桥。1955 年动工，1957 年建成。正桥为铁路、公路两用的双层钢桁梁桥，由三联（3 孔为一联）9 孔跨径各为 128 m 的连续梁组成，共长 1 155.5 m，连同公路引桥总长为 1 670.4 m。

武汉长江大桥将原京汉、粤汉两条铁路连接成京广铁路。前苏联专家参与了大桥的设计和建设,图4-55。

图4-55 武汉长江大桥

10. 南京长江大桥

南京长江大桥位于南京市下关和浦口之间,结构与武汉长江大桥相同。正桥10孔,由一孔128 m简支梁、三联9孔跨径各为160 m的连续梁组成,共长1 577 m。连同引桥,铁路桥长6 772 m,公路桥长4 589 m。

大桥于1968年建成通车,将原京浦、沪宁两铁路连接成京沪铁路。正桥两端各有一对雄伟壮丽的桥头堡,桥头堡顶为三面红旗①,带有当时的政治色彩。桥头建有公园,供人们休息和欣赏大桥雄姿所用。

图4-56 南京长江大桥

---

① 20世纪50年代,将总路线、大跃进、人民公社称为三面红旗。

第 5 章　水利工程

5.1　水利工程

5.1.1　概述

水—— 一切生命之源。

众所周知，水是人类生存和人类社会发展不可缺少的宝贵自然资源之一。查有关水文资料，全球水利资源的总量约为 468 000 亿立方米，人平水量 11 800m³（我国人平水量只有 2 780 m³），其中90%以上为海水和洋水，其余为内陆水。在内陆水中河流及其径流，对于人类和人类活动起着特别重要的作用。地球上的河流平均径流量，根据有关资料的统计，欧洲占 32 100 亿立方米、亚洲占 144 100 亿立方米、非洲占 45 700 亿立方米、北美洲占 82 000 亿立方米、南美洲占 117 600 亿立方米、澳洲占 3 840 亿立方米、大洋洲占20 400 亿立方米、南极洲占23 100亿立方米。

所谓径流，就是雨水除了蒸发的、被土地吸收和被拦堵的以外，沿着地面流走的水叫径流。渗入地下的水可以形成地下径流。

我国幅员辽阔、河流众多。据统计：中国大小河流总长约 42 万千米；流域面积在 1 000km² 以上的河流有 1 600 多条，100 km² 以上的河流有 5 万多条；大小湖泊 2 000 多个。全国平均年降水总量为 6.19 万亿立方米，年平均径流量约 2.8 万亿立方米，居世界第六位。

我国水能资源的理论蕴藏量约为 6.91 亿千瓦，是世界上水能资源最丰富的国家之一。但在时间分配和区域分配上很不均匀。绝大部分的径流发生在每年 7 ~ 9 月份（汛期），而有些河流在冬天则处于干枯状况。大部分径流分布在我国东南、西南及沿海各省、市、区，而西北地区干旱缺水。近年来，我国北方地区经常发生的沙尘暴与北方地区干旱缺水不无关系。

1. 南水北调工程

上述情况给水资源的利用造成了很大困难，因此要求在国土上人为地重新分配径流，就必须修建水利工程，以除害兴利，造福于人类。所谓水利工程，就是对自然界的地表水和地下水进行控制和调配，以除害兴利为目的而修建的工程。图5-1为某水库大坝。

图5-1　某水库大坝（拱坝）

我国著名的水利工程——四川省都江堰市都江堰水利工程，就是李冰父子在公元前256年至公元前251年带领广大劳动人民修建的综合利用水利资源的典型之作，图5-2。该工程为无坝引水工程，利用鱼嘴分洪、飞沙堰泄洪排沙、宝瓶口引水，现今可灌溉农田一千多万亩。

图5-2　都江堰水利工程

　　我国是一个严重缺水的国家。在全国范围内，南方的水相对多于北方，但南方的人口和土地并不比北方多。因此，为解决北方缺水的一个重要途径便是南水北调。南水北调是一项艰巨而浩大的工程，国家对南水北调已做了许多勘察、规划、研究、论证等工作，部分进入了实施阶段。南水北调工程分为东线、中线和西线三条线路。

　　（1）南水北调东线工程。东线工程从江苏扬州的长江中抽水，水源丰富。经南北大运河向北，穿越洪泽湖、骆马湖、山东南四湖、东平湖，在山东东阿县的位山穿过黄河，然后沿北运河到达天津，全线总长 1 150km。东线工程从长江抽水 1 000 m^3 以上，到达天津时为 200 m^3。东线工程的主要目的是向沿途及天津等大城市供水，并可灌溉沿线农田 7 000 万亩以上。东线工程现已开始施工。

　　（2）南水北调中线工程。中线工程考虑从汉水丹江口水库（一期、二期工程）及长江三峡地区引水（三期工程），经由湖北、河南、河北，直到北京市。中线工程和东线工程解决黄淮海平原的缺水问题，耕地面积约 1 亿多亩。中线工程竣工后，年引水量约 300 亿立方米以上，全线总长 1 236km。中线工程的最大优点是水质有保证，且供水范围大。中线工程现已开始施工。

　　（3）南水北调西线工程。西线工程设想（自流引水）方案，在通天河的联叶修建 400m 的高坝，经穿山隧道将水引入雅砻江上游，并在雅砻江的仁青岭修建 300m 的高坝，再经穿山隧道将水引入黄河上游的章安河，其后沿黄河下放，全线长约 650km，其中隧道长约 210km（可见工程的艰巨性）。这三条河上游每年调入黄河的总水量约 200 亿立方米，可解决黄河上、中游的干旱缺水，对进一步开发大西北地区，其重要意义不可估量。

　　2. 水利资源

　　研究水利资源利用的一般理论、设计、施工和管理问题的应用科学，称为水利工程学。

　　水利资源在国民经济中的利用，主要有下列几方面：

　　水上运输、水力发电，居民区、工矿企业供水，向干旱地区输水，灌溉与排水，水产，养殖，旅游开发等等。

　　水利事业是研究自然界水利资源及利用它满足国民经济建设需要的一项事业。水利事业的主要内容如下：

　　（1）水力发电。利用河流及潮汐的能量发电。

（2）水上运输。利用河流、湖泊、海洋行船和漂木。

（3）农田水利。利用水灌溉农田和排除多余之水。

（4）治河防洪。整治河道、防洪、防涝、防水土流失。

（5）供水和下水（给水排水）。居民区、工矿企业的给水和废水污水的排放。

（6）水产养殖。利用水资源经营渔港、鱼塘及修建各种过鱼建筑物。

（7）旅游开发。利用水利资源进行旅游资源开发，增加国民收入，提高人民生活质量。

我国开发水利资源的总原则是：综合利用。

综合利用是指在规划设计水利工程时，不仅要考虑当前水源（河流来水）的利用，而且还要考虑将来我国国民经济各部门的各种需要（即要考虑水利资源开发的可持续发展）。见图 5 - 3。

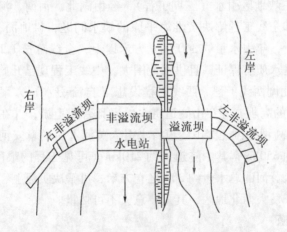

图 5 - 3   水利资源综合利用图例

5.1.2   水库及水利枢纽

1. 水库

水库是指采用工程措施在河流或各地的适当地点修建的人工蓄水池。

水库的实例很多，如：四川省仁寿县的黑龙滩水库，简阳市的三岔水库，北京的十三陵水库，重庆市的狮子滩水库，四川省都江堰市的紫平铺水库，海南省詹州市的松涛水库等。

（1）水库的作用。水库是综合利用水利资源的有效措施。它可使地面径流按季节和需要重新分配，根除干旱、水涝灾害，可利用大量的蓄水和形成的水头为国民经济各部门服务。

（2）水库的组成。水库一般由下面几部分组成（图5－4）：

① 拦河坝。挡水建筑物的一种，是组成水库最基本的建筑物。其主要作用是用它拦截河道、拦蓄水流、抬高水位。

② 泄水建筑物。主要作用是渲泄水库中多余的水量，以保证大坝安全。

③ 取水、输水建筑物。为满足用水要求，从水库中取水并将水输送到电站或灌溉系统的水工建筑物。

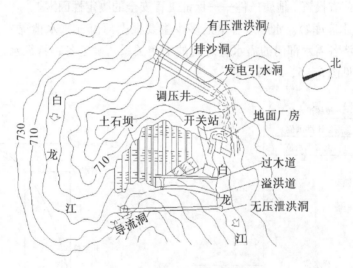

图 5－4　某水库组成示意图

（3）水库对环境的影响。水库建成后，尤其是大型水库的建成，将使水库周围的环境发生变化。主要影响库区和下游，表现是多方面的。

第一，对库区的影响。淹没：库区水位抬高，淹没农田、房屋，进行移民安置。坍岸、滑坡。水库淤积：库内水流流速减低，造成泥沙淤积、库容减少，影响水库的使用年限。水温的变化：因为蓄水使温度降低。水质变化：一般水库都有使水质改善的效果，但是应防止库水受盐分等的污染。气象变化：下雾频率增加，雨量增加，湿度增大。诱发地震：在地震区修建水库时，当坝高超过100m，库容大于10亿立方米的水库，发生水库地震的达17%。库区内可形成沼泽、耕地盐碱化等。

第二，对水库下游的影响。河道冲刷：水库淤积后的清水下泄时，会对下游河床造成冲刷，因水流流势变化会使河床发生演变以致影响河岸稳定。河道水量变化：水库蓄水后下游水量减少，甚至干枯。河道水温变化：由于下游水量减少，水温一般要升高。

（4）水库库址选择。水库库址选择关键是坝址的选择，应充分利用天然地形。地形——河谷尽可能狭窄，库内平坦广阔，但上游两岸山坡不要太陡或过分平缓，太陡容易滑坡，水土流失严重。要有足够的积雨面积，要有较好的开挖泄水建筑物的天然位址。要尽量靠近灌区，地势要比灌区高，以便形成自流灌溉，节省投资。地质条件——保证工程安全的决定性因素。

（5）水库库容。水库库容量的多少主要根据河流（来水情况）水文情况及国民经济各需水部门的需水量之间的平衡关系，确定各种特征水位及库容。库容组成见图 5-5，5-6。

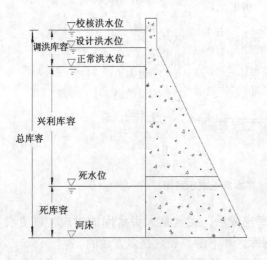

图 5-5　水库库容的组成

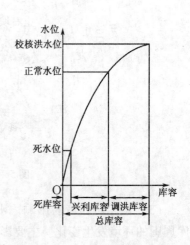

图 5-6　水位—库容曲线图

2. 水利枢纽与水工建筑物

（1）水利枢纽。为了综合利用水利资源，使其为国民经济各部门服务，充分达到防洪、灌溉、发电、给水、航运、旅游开发等目的，必须修建各种水工建筑物以控制和支配水流，这些建筑物相互配合，构成一个有机的综合的整体，这种综合体称为"水利枢纽"（图 5-7）。

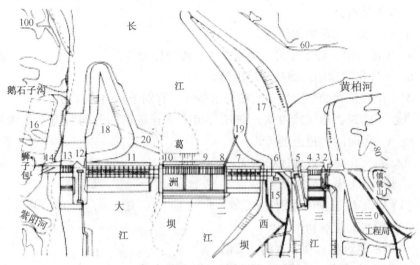

图 5-7　葛洲坝水利枢纽平面布置示意图

水利枢纽根据其综合利用的情况，可以分为下列三大类：

①防洪发电水利枢纽 $\begin{cases} 蓄水坝 \\ 溢洪道 \\ 水电站厂房 \end{cases}$

②灌溉航运水利枢纽 $\begin{cases} 蓄水坝 \\ 溢洪道 \\ 进水闸 \\ 输水道（渠） \\ 船闸 \end{cases}$

③防洪灌溉发电航运水利枢纽 $\begin{cases} 蓄水坝 \\ 溢洪道 \\ 水电站厂房 \\ 进水闸 \\ 输水道（渠） \\ 船闸 \end{cases}$

（2）水工建筑物的特点：

水工建筑物与一般土建工程相比，除了投资多、工程量大、工期长以外，还具有以下特点：

①水对水工建筑物的作用；

a. 机械作用：静水压力、动水压力、渗透压力等。

b. 物理化学作用：磨损、溶蚀等。

②水工建筑物的个别性：直接与水接触，有别于其他建筑物；

③水工建筑物施工难度大；施工导流，工程进度的时间紧迫（如大坝截流、度汛，争时间、抢进度等）

④效益大，对附近地区影响大；

⑤水库发生事故后果严重。

（3）水工建筑物的类别：

①一般水工建筑物；

a. 挡水建筑物：坝、水闸、堤防。

b. 泄水建筑物：溢洪道、泄洪洞、坝身泄水孔。

c. 取（进）水、输水建筑物：进水闸、渠道、渡槽、隧洞、抽水站。

②专门水工建筑物；

a. 水电站建筑物：压力前池、调压室、电站厂房。

b. 水利土壤改良建筑物：节制闸、沉沙池、灌溉、排水渠系、滤水、排水设施、积水设施等。

c. 水运建筑物：船闸、升船机、系船建筑物、码头、港口、漂木、筏道建筑物及其设施。

d. 供水、污水工程建筑物，渔业建筑物。

（4）等级的划分

水利枢纽分等，水工建筑物分级。水利枢纽的分等和水工建筑物的分级主要依据工程规模、总库容、防洪标准、灌溉面积、电站装机容量、主要建筑物、次要建筑物、临时建筑物的情况进行确定。

我国将水利枢纽分为五等，见表5-1，水工建筑物分为5级，见表5-2。

表 5-1　水利枢纽工程分等指标

工程级别	水库城镇（$10^8 m^3$）	防洪		排涝	灌溉	供水	水力发电
		保护城镇及工业区	保护农田面积（$10^4 ha$）	排涝面积（$10^4 ha$）	灌溉面积（$10^4 ha$）	供给城镇及矿区	装机容量（MW）
一	>10	特别重要	>33.30	>13.33	>10	特别重要	>1200
二	10~1.0	重要	33.30~6.67	13.33~4.0	10~3.33	重要	1200~300
三	1.0~0.1	中等	6.67~2.0	4.0~1.0	3.33~0.33	中等	300~50
四	0.1~0.01	一般	2.0~0.33	1.0~0.20	0.33~0.03	一般	50~10
五	<0.01		<0.33	<0.2	<0.03		<10

表 5-2　水工建筑物分级指标

工程级别	永久性建筑物级别		临时性建筑物级别
	主要建筑物	次要建筑物	
一	1	3	4
二	2	3	4
三	3	4	5
四	4	5	5
五	5	5	

3. 挡水建筑物——拦河坝

拦河坝指拦断河流，抬高水位以形成水库的建筑物。

根据筑坝材料的不同可分为：混凝土坝、钢筋混凝土坝、砌石坝、土石坝等。

根据大坝的工作特点又可分为：重力坝、拱坝、土石坝、支墩坝、面板坝等。

一般习惯分为：土石坝、砌石坝、混凝土坝、支墩坝、拱坝等。

（1）重力坝指坝身稳定由坝体自重维持的坝。

重力坝包括混凝土重力坝和砌石重力坝。图 5-8 为一混凝土重力坝横剖面示意图。

重力坝的结构特点是：结构简单、施工方便、工作可靠、应用广泛。目前，世界上最高的混凝土重力坝是瑞士的大狄克逊坝，最大坝高达 285 m。我国修建的坝高 50m 以上的坝有几十座，其中黄河上游的刘家峡混凝土重力坝，坝高 147m，贵州省乌江渡混凝土拱形重力坝，坝高 165 m。长江三峡水利枢纽工程的混凝土重力坝，坝高 175m，长 2 309.47m。

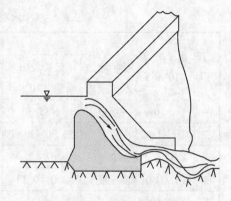

图 5 – 8　重力坝横剖面示意图

砌石重力坝：用石料砌筑的重力坝。例如，四川省仁寿县境内的黑龙滩水库就是一座浆砌条石重力坝，库容三亿多立方，以灌溉农田为主。

重力坝坝基的适应能力较强，甚至土壤上都可以修建重力坝。但温度、基岩变形影响较大。

（2）拱坝：拱坝的类型主要有砌石拱坝和混凝土拱坝，图 5 – 9 为拱坝的示意图。

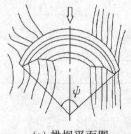

(a) 拱坝平面图

(b) 拱坝垂直剖面图

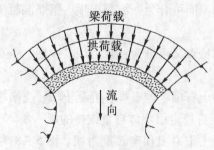

(c) 拱坝水平截面图

图 5 – 9　拱坝示意图

① 拱坝的工作特点：拱坝实际上是一个空间壳体结构，平面上呈拱形。坝体承受的水平外荷载一部分通过拱作用传给两岸基岩，另一部分通过垂直梁的作用传到坝底基岩。坝体稳定性主要是依靠两岸拱端的反力作用（拱坝工作的一个主要特点）维持。

拱是一个推力结构，在外荷载作用下，主要是承受轴向力，有利于发挥混凝土或砌石材料的抗压强度。拱的作用发挥越充分，材料（抗压）强度的特点越能充分发挥出来，拱体可减薄，节省材料。拱是一种优越的坝型，因为拱是推力结构，因此要求两岸基岩要好。

目前较高的拱坝有前苏联的英古里混凝土双曲拱坝，坝高 272m。我国在雅砻江上修建的二滩水电站大坝为混凝土双曲拱坝，坝高二百四十多米。砌石拱坝也较多，如四川省威远县境内的长沙坝，坝高五十多米。

拱坝的特点是：坝体轻韧、弹性较好。若基岩稳定，抗震性能好。

② 拱坝形式：第一，定圆心等半径式拱坝（圆弧拱）；第二，定圆心定中心角式拱坝；第三，变半径式拱坝；第四，双曲拱坝。

（3）土石坝：土石坝是最古老的坝型，在坝工建筑中被广泛采用。

远在公元前，中国、印度、埃及等国家便开始使用这种坝型。随着筑坝技术的提高，土坝高度不断增高。全世界高度在 100m 以上的土坝有数十座。我国坝高 15m 以上的大、中、小型土石坝数量约 1.7 万余座。如四川省简阳市的三岔水库，坝顶长一千多米。

① 土石坝的优点：可就地取材、结构简单，便于维修、加高、扩建，地质条件要求较低，适应地基变形能力强，施工技术简单、工序少，便于机械化施工，修建经验丰富。

② 土石坝的缺点：不能坝顶溢流，要另设溢洪道，导流不方便，黏土材料的填筑受气候条件影响。图 5 – 10 为土坝坝体横剖面图。

③ 土石坝类型：按施工方法分为碾压式土坝、水中填土坝和水力冲填坝。我国绝大多数为碾压式土坝（图 5 – 11）。根据土石料的组合和防渗设施的位置不同，可分为下列几种基本形式：

均质土坝。坝体由单一的，具有黏性的土料构成整个坝体起防渗作用；

多种土质坝。坝体由多种性质明显不同的土料构成；

心墙坝。防渗设施位于坝体中部，两侧为透水较强的砂土、上皮土（风化土）等；

斜墙坝。防渗设施为倾斜的,位于坝体上游面。

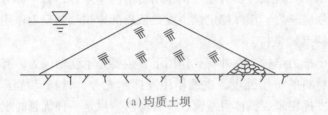

(a)均质土坝

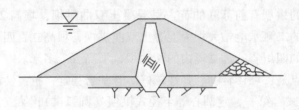

(b)粘土心墙坝

图 5-10 土坝剖面图

图 5-11 小浪底水利枢纽工程(土石坝)

4. **泄水、取水和输水建筑物**(图 5-12)

(1)泄水建筑物:用以渲泄水库不能容纳的多余水量,可与坝体结合在一起,也可单独设在坝体外。岸边式溢洪道是一种采用较多的泄水建筑物。

(2)取水建筑物和输水建筑物:为保证用水部门的需要,不断平稳地引水。可采用如进水闸、输水渡槽、引水隧洞、渠道工程等。

（3）渠道及渠系建筑物：为了灌溉农田、水力发电、工业及生活输水用的且具有自由水面的人工水道，称为渠道。为了安全合理的输配水量以满足农田灌溉、水力发电、工业及生活用水的需要，在渠道上修建的水工建筑物，统称为渠系建筑物。

渠系建筑物包括：渠道、渡槽、倒虹吸管、涵洞、引水隧洞等。

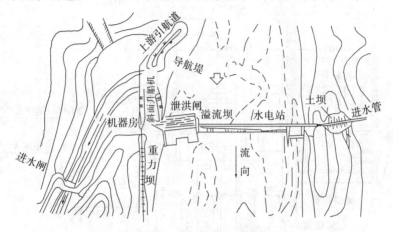

图 5 - 12 韶山灌区工程布置图

5.1.3 水电站建筑物

水电建设是一项改造自然的宏伟事业，是国民经济获得动力能源的重要途径。根据 1988 年完成的我国第三次水能资源普查资料，全国总水能蕴藏量（含台湾省）为 6.91 亿千瓦，折合年发电量为 5.9 万亿度。其中可开发的总装机容量为 3.8 亿千瓦，年发电量为 1.9 万亿度，占世界第一位。

据统计，截止 2000 年底，我国水电站总装机容量超过 7 935 万千瓦，年发电量 2 310 多亿度。

目前已经建成的和正在修建的水电发电量只占技术可开发的水资源的 5.9%，因此我国水能资源开发的潜力相当大。

水力发电：就是通过水工建筑物和动力设备将水能转变为机械能，再由机械能转变为电能。流量的大小和水头的高低是影响水力发电的两个主要因素。因此，当水流量不大时，集中落差形成水头是一种较好的水能开发措施（图 5 - 13）。

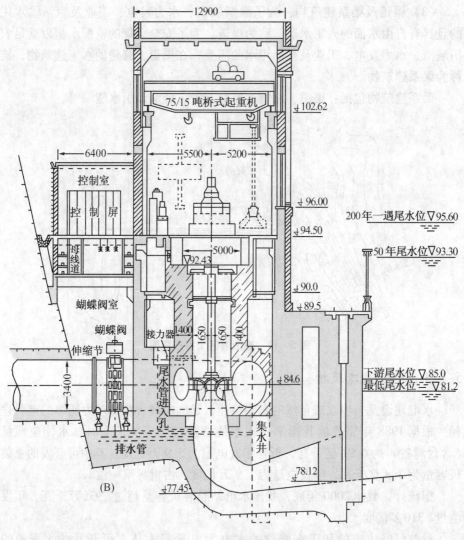

图 5-13　水电站横剖面图

1. 水电站的分类

（1）河床式水电站：在平坦河段上，用低坝建筑的水电站，由于水头不高，电站厂房本身能抵抗上游水压力，通常和坝并列在同一轴线上，成为挡水建筑物的一个组成部分，因此称为河床式水电站（图 5-14）。

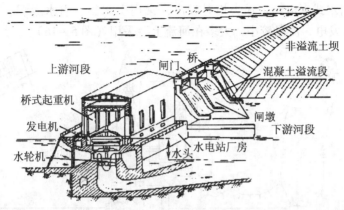

图 5 – 14　河床式水电站

　　（2）坝后式水电站：当水头较高，上游水压力很大，厂房重量已不足以承受，也很难维持自身稳定，此时可将厂房与坝体分开，将厂房布置在坝的后面，此类电站便称为坝后式水电站。一般在坝后靠河岸一侧（图 5 – 15）。

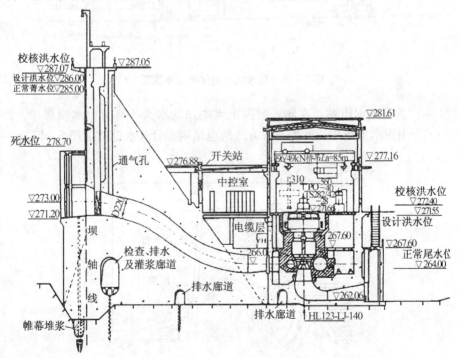

图 5 – 15　坝后式水电站

(3) 引水式水电站：水头相对较高，常用引水渠、引水隧洞、管道等将水引进厂房发电，流量较小，大多在河流上游采用（图5-16）。

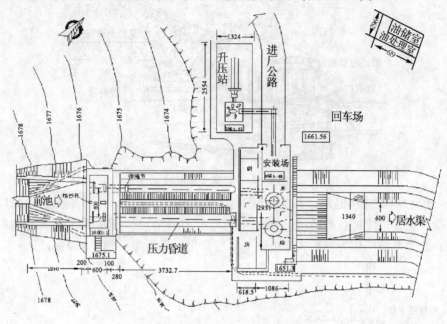

图5-16　引水式水电站平面布置图

(4) 混合式水电站：在同一河段上水电站的水头一部分由水坝集中，而另一部分由引水渠集中，此种布置方式的电站叫混合式水电站（图5-17）。

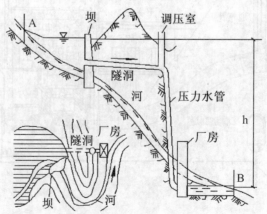

图5-17　混合式水电站

（5）抽水蓄能电站：采用抽水方式集中水头进行发电的电站。在系统负荷较低时，利用富裕的电量把水从较低的水库（下池）中抽到较高的水库（上池）中储存起来，而在系统要承担高峰负荷时，再把水从上池中放出来进行发电。如北京十三陵抽水蓄能电站，其装机容量为 800 MW；广东抽水蓄能电站，装机 2 400 MW；天荒坪抽水蓄能电站，装机 1 800 MW。

（6）潮汐电站：通常在有条件的海岸边，选择口小肚大的海湾，在海湾口门处修筑拦水坝，同时修建双向发电电站（可逆发电机组）以及双向泄水闸门。当涨潮时，外海潮水位高于湾内水位，此时将外海水经过电站发电；当退潮时，外海潮水下落水位降低，湾内之水经电站反向流至外海发电，故一次涨退潮便可发电两次。我国沿海海岸线长约 1.8 万千米，估计可开发的潮汐发电量约 2 158 万千瓦。

另外，利用大海波浪的能量发电也是一种获得电能的途径。如挪威已有波浪电站的试验电站，也获成功。

由前述可知，水电站建筑物主要包括：引水渠、隧洞、前池、调压井（塔）、压力水管、厂房等。

5.1.4　我国几个典型的水利枢纽工程实例

1. 葛洲坝水利枢纽工程

该工程于 1986 年建成。位于长江中游宜昌段，主要作用为通航、发电、防洪。电站装机容量为 271.5 万千瓦，水库库容 15.8 亿立方米，整个工程混凝土用量为 983 万立方米（图 5–18）。

图 5–18　葛洲坝水利枢纽工程

2. 龙羊峡水电站

该工程位于黄河上游，电站总装机容量为 128 万千瓦，混凝土拱坝，坝高 178 m，水库库容为 247 亿立方米。

3. 二滩水电站

该工程位于四川省攀枝花市附近雅砻江上。坝高 240 多米，砼双曲拱坝，库容 30 多亿立方，装机容量为 $6 \times 55 = 330$ 万千瓦。年发电量 170 亿千瓦时，占川渝电网总供电量的四分之一。此工程在世界银行贷款 9.3 亿美元，汇集了 40 多个国家和地区的水电建设者，已于 2002 年竣工。

4. 紫坪铺水利工程

该工程位于四川省都江堰市城西北 9km 处，岷江上游，库容 11.12 亿立方米，多年调节水库，成都水源将得到改善。以灌溉、供水为主，兼发电、防洪、环保和旅游等综合效益的水利工程。面板坝，最大坝高 156m，电站装机容量 76 万千瓦（4×19 万千瓦）。计划于 2006 年 5 月竣工，投资 62.36 亿元（图 5-19）。

图 5-19　紫坪铺水库

5. 长江三峡水利枢纽工程

该工程位于长江西陵峡的三斗坪，下游距葛洲坝工程 38 km，是一座具有防洪、发电、航运、养殖、供水等巨大综合利用的特大型水利工程。由拦江大坝、水电站和通航建筑物三部分组成。库容 393 亿立方米，重力坝坝高 175m，坝体混凝土用量 1 527 万立方米，装机容量为 26×70 万千瓦 $= 1 820$ 万千瓦，计划 2009 年竣工，将是世界上最大的水电站。相当于 10 座大亚湾核电站，每年可代替原煤 4 000～5 000 万吨，可供电华东、华中，重庆市。三峡工程规模巨大，土石方填筑和混凝土浇筑量均达到 2 000～3 000 万立方米，拟用钢材和钢筋 50～60 万吨，最高峰的混凝土浇筑量达 400 万立方米，总工期 15 年。

2003 年永久通航建筑物启用,第一批机组发电,总投资约1 100亿元(含枢纽工程、移民)。

图 5 - 20   三峡水利枢纽工程示意图

5.2 给水排水工程

我们知道,水是保证人们生活和生存的必备基本物资,同时也是国民经济各行业发展的基本资源。而给水和排水工程则是为了保证向人们提供这种基本资源而修建的各种为生活和生产服务的工程设施。如20 世纪 80 年代初期,河北省的引滦入津工程就是为了解决天津市的生活和生产用水问题而修建的大型引(给)水工程。由此可知,给水排水工程是指用于水的供给、废水排放及水质改善的工程,简称给水排水工程。根据其服务范围,给水排水工程可分为:城镇给水排水工程、工业企业给水排水工程、建筑给水排水工程。在建筑物内部的供水和排除废水的设施,习惯上称室内给排水,它隶属于整个给水排水工程。给水排水工程相对于土木工程而言,既具有独立性又具有依赖性。

给水排水工程是土木工程的一个分支,但它与房屋、铁路、桥梁工程不同的是学科特征上的差异。给水排水工程的学科特征是:

(1)用水文学和水文地质学的原理解决从水源取水和排水的有关问题。

(2)用水力学原理解决水的输送问题。

(3)用物理、化学和微生物学的原理进行水质处理和检验。

因此,物理、化学、水力学、水文学、水文地质学和微生物学是给水排水工程的基础学科。

5.2.1　给水工程

给水工程一般由给水水源和取水构筑物、输水渠（管）道、给水处理厂和给水管网四部分组成。

上述四部分分别起到取水、输送、改善水质和分水到户的作用。在一般地形条件下，这个系统中还要包括必要的蓄水（水池、水塔等）和抽水（水泵站）等设施。

室内给排水包括：生活、生产及消防上的用水器具、管道系统和附属设备，具体包含以下几个系统：

（1）冷水系统：供应生活、生产用水的给水系统，与城市给水管道连通，终端是水器具上的水龙头。

（2）热水系统：供应生活、生产用的热水，与锅炉房引出的热水管道连通。

（3）污水系统：排除生活污水或生产废水的管道系统，排水管连通用水设备与城市污水设施。

（4）雨水系统：当屋面雨水不直接排放时，需由专用雨水漏斗引到室内地下排水管排至室外。

（5）消防系统：供应防火用水，其中又有消火栓和自动喷洒两种系统。

5.2.2　排水工程

排水工程一般由排水管系、废水处理厂和最终处置设施三部分组成。废水是生活污水、工业废水和雨水的统称。排水管系起收集、输送废水的作用，排水系统分成分流制和合流制两种系统。合流制是将生活污水、工业废水和雨水混合流入一种排放管道系统的体系，它缺乏科学性，不利于环境保护；而分流制则是将生活污水、工业废水和雨水分别流入各自的排放管道系统的体系，具有科学性，易于实现环境保护的要求。

废水（污水）处理的目的有时是为了资源再用，有时是为了满足排放标准，以免污染环境。

城市给水排水工程是城市基础设施的重要组成部分，其建设质量的优劣往往反映一个城市的发展水平。

第 6 章 建筑施工

建筑施工是将设计者的思想、意图、构思转化为现时的过程，是一项多工种、多手段、条件复杂的系统工程，也是一项社会性的经济活动。要达到项目预订的目标，使施工全过程顺利进行，就必须研究每个工程工种的工艺原理、施工方法、操作技术、机械选用、劳动组织、工作场地布置等方面的规律；同时必须掌握涉及项目施工中的各个方面和各个阶段的联系配合问题，如全场性的施工部署、施工方案的优选、开工程序、进度安排、资源配置、科学的组织和管理等问题。同时重视新材料、新技术、新工艺的发展和应用，并以先进的管理方法和手段，有效、科学地组织施工，才能保证质量、加快进度、降低成本，提高项目的综合经济效益和社会效益。

6.1 建筑产品及其施工的技术经济特点

6.1.1 建筑产品的特点

1. 建筑产品的庞体性

建筑产品与一般工业产品相比，其体形庞大，自重大。

2. 建筑产品的固定性

建筑产品必须固定在一定地点，必须受所在地的资源、气候、地质等条件制约，受当地风俗、文化的影响。

3. 建筑产品的多样性

建筑产品不能像一般工业产品那样批量生产，因为建筑物的使用要求、规模、建筑设计、结构类型等各不相同，即使是同一类型的建筑物也因所在地点、环境条件不同而彼此有所不同。因此，建筑产品是多种多样的。

4. 建筑产品的综合性与复杂性

建筑产品是建筑物的艺术风格、建筑功能、结构构造、装饰等方面综合组成的一个完整的固定资产实物体系，是一种复杂的产品，而且工艺设备、采暖通风、供水供电、卫生设备等各类设施也错综复杂。

6.1.2 建筑施工的特点

1. 建筑施工的长期性

建筑产品的庞体性决定了建筑施工的长期性。建筑产品在建造过程中要投入大量劳动力、材料、机械等，因而与一般工业产品相比，其生产周期长，少则几个月，多则几年。

2. 建筑施工的流动性

建筑产品的固定性决定了建筑施工的流动性。产品是固定的，生产者和生产设备就要随着建筑物建造地点的变更而流动，同时还要随着建筑物的施工部位的改变而在不同的空间流动。

3. 建筑施工的个别性

建筑产品的多样性决定了建筑施工的个别性。不同的甚至相同的建筑物在不同的地区、季节及现场条件下，施工准备工作、施工工艺和施工方法等也不尽相同。

4. 建筑施工的复杂性

建筑产品的综合性和复杂性决定了建筑施工的复杂性。建筑产品的施工由多个施工过程组成，施工是露天的、高空的、甚至有的是地下作业，手工操作多，加上施工的流动性和个别性，必然造成施工的复杂性。

6.2 基本建设程序与建筑施工程序

6.2.1 基本建设与基本建设程序

1. 基本建设

基本建设是国民经济的组成部分，是社会扩大再生产、提高人民物质文化生活和加强国防实力的重要手段，是利用国家预算内的资金、自筹资金、国内外基本建设贷款以及其他专项资金进行的，以扩大生产能力或新增工程效益为主要目的的新建、扩建等工程及相关工作。

2. 基本建设程序

基本建设程序是基本建设全过程中各项工作必须遵循的先后顺序，这个顺序反映了整个建设过程必须遵循的客观规律。基本建设程序分为决策、设计、施工及竣工验收四个阶段。

（1）决策阶段：这个阶段包括建设项目建议书、可行性研究、项目评估及决策。本阶段的主要目标是通过投资机会的选择、可行性研究、项目评估和业主决策，对工程项目投资的必要性、可行性、如何实施等重大问题进行科学论证和多方案比较，保证工程项目决策的科学性、客观性。

（2）设计文件阶段：设计文件一般由建设单位通过招标投标或直接委托设计单位编制。对一般不太复杂的中小型项目采用两阶段设计，即扩大初步设计（或称初步设计）和施工图设计。对重要的、复杂的、大型的项目，经主管部门指定，可采用三阶段设计，即初步设计、技术设计和施工图设计。

（3）建设实施阶段：建设项目在实施之前须做好各项准备工作，其主要内容有：征地拆迁和三通一平、工程地质勘察、设备、材料订货、组织施工招标投标、择优选定施工单位等。

建设实施阶段是根据设计图纸，进行建筑安装施工。建筑施工是基本建设程序中的一个重要环节，要严格执行施工验收规范，按照质量检验评定标准进行工程质量验收，确保工程质量。

（4）竣工验收、交付使用阶段：按批准的设计文件和合同规定的内容建成的工程项目，凡是经试运转合格或是符合设计要求、能正常使用的，都要及时组织验收，办理移交手续，交付使用。

6.2.2　建筑施工程序

建筑施工程序是拟建工程项目在整个施工阶段中必须遵循的先后顺序。这个顺序是多年来施工实践经验的总结，反映了整个施工阶段必须遵循的客观规律，一般包括以下几个阶段：

1. 承接施工任务，签订施工合同

施工单位承接任务一般是通过招标投标方式进行，或由建设单位委托给施工企业进行。

承接施工任务后，建设单位与施工单位应按有关规定及要求签订施工合同。施工合同应规定承包的内容、要求、工期、质量、造价及材料供应等，还应明确合同双方的义务和职责以及应完成的施工准备工作。

2. 做好施工准备，提出开工报告

签订施工合同后，施工单位应全面展开施工准备工作。在完成施工准备工

作的各项内容、具备开工条件后，提出开工报告并经审查批准，即可正式开工。

3. 精心组织施工，加强施工管理

这个阶段是施工程序中的主要阶段。施工中应按照设计图纸和施工组织设计精心施工，并加强技术、材料、质量、安全、进度等各项管理工作，落实施工单位内部承包的经济责任制，做好经济核算工作，严格执行各项技术、质量检验制度，抓紧工程收尾和竣工。

4. 组织竣工验收，及时交付使用

竣工验收是施工的最后阶段。在竣工验收前，施工企业内部应先进行预验收，检查各分部分项工程的施工质量，在此基础上，由建设单位或委托监理单位组织竣工验收，经有关部门验收合格后，办理验收签证书，并及时交付使用。

6.3 工程项目施工

6.3.1 施工准备工作

施工准备工作是为了保证工程顺利开工和施工活动正常进行而必须事先做好的各项工作。它是施工程序中的重要环节，不仅存在于开工之前，而且贯穿在整个施工过程之中。就工程项目施工的特点而言，其生产受外界干扰及自然因素的影响较大，施工中不仅需要耗用大量材料、使用多种机械设备、组织安排各工种人力，而且还要处理各种复杂的技术问题，协调各种配合关系。只有充分做好施工准备工作，合理组织资源，调动各方面的积极因素，通过统筹安排和周密准备，才能使工程顺利开工，开工后能连续顺利地施工并且能得到各方面条件的保证，才能有效地降低风险损失，加快施工进度，提高企业经济效益。

1. 施工准备工作的分类

（1）施工准备工作按其规模及范围分为三种：即全场性施工准备、单位工程施工条件准备和分部、分项工程作业条件准备。

全场性施工准备是以整个建设项目为对象而进行的统一部署的各项施工准备，它的作用是为整个建设项目的顺利施工创造条件，既为全场性的施工做好

准备，也兼顾了单位工程施工条件的准备。

单位工程施工条件准备是以一个建筑物或构筑物为对象而进行的施工条件准备工作，它的作用是为单位工程施工服务，不仅要为单位工程在开工前做好一切准备，而且要为分部、分项工程的作业条件做好准备工作。

分部、分项工程作业条件准备是对某些施工难度大、技术复杂的分部、分项工程的施工工艺、材料、机具、设备、安全防护措施等分别进行准备。

（2）施工准备工作按拟建工程所处的施工阶段分为两种：一是开工前施工准备，主要指工程正式开工前的各项准备工作；二是开工后的施工准备，它是为某个施工阶段或某个分部、分项工程或某个施工环节所做的施工准备工作。

2．施工准备工作的内容

一般工程的准备工作内容可归纳为六个部分：调查研究收集资料、技术资料准备、施工现场准备、物资准备、施工人员准备和季节性施工准备等。

调查研究收集资料，包括原始资料的调查和参考资料的收集。原始资料的调查一般包括技术经济资料的调查、建设场址的勘察和社会资料的调查。

技术资料准备即通常所说的内业准备，其内容一般包括：熟悉与会审图纸、签订施工合同、编制施工组织设计、编制施工图预算及施工预算。

施工现场准备即通常所说的外业准备，它一般包括拆除障碍物、"三通一平"、测量放线、搭设临时设施等内容。

物资准备是指材料、构件、机具等的准备，应根据工程需要确定需用量计划，及时组织货源，安排运输和储备，保证施工的进行。

施工人员准备包括建立工地组织机构和专业或混合施工队，组织劳动力进场，进行计划和任务交底等。

季节性施工准备主要指冬期施工和雨期施工的准备工作。

3．施工组织设计的作用和分类

施工组织设计是用以指导施工组织与管理、施工准备与实施、施工控制与协调、资源配置与使用等全面性的技术、经济文件；是对施工从准备到竣工验收全过程进行科学管理的重要手段。通过编制施工组织设计，可以根据工程特点、施工条件，制定拟建工程的施工方案，确定施工顺序、施工方法、劳动组织和技术组织措施；可以确定施工进度，控制工期；可以有序地组织材料、机具、设备、劳动力的供应和使用；可以合理地利用安排为施工服务的各项临时设施；可以合理布置施工现场，确保文明施工、安全施工；可以分析施工中可能产生的风险和矛盾，提出解决问题的措施；可以将工程的设计与施工、技术与经济、组织与管理、局部与整体、土建与设备等各方面有机结合、协调处理。

在工程投标阶段编好施工组织设计，是充分反映施工企业的综合实力，提高市场竞争力、实现中标的重要途径；在工程施工阶段编好施工组织设计，是实现科学管理、保证工程质量、控制工程成本、加快工程进度、预防安全事故的可靠保证。

施工组织设计根据设计阶段和编制对象的不同可分为三类：施工组织总设计、单位工程施工组织设计、分部分项工程施工组织设计。

6.3.2 工程项目施工

项目施工时，应根据项目总目标的要求，确定合理的工程建设开展的程序。大中型项目在保证工期的前提下，可实行分期分批建设，使重要项目尽早建成投产，并在全局上实现施工的连续性和均衡性。小型项目应尽量一次性建成投入使用，或与其他项目相配合、穿插施工，以均衡地利用资源。

建设项目中工程量大、施工难度大、工期长、较关键的单项或单位工程应重视施工方案的拟订，包括选择好施工方法、施工工艺流程、施工机械设备等。一般性的工程也应选择较好的方案施工，以保证工程质量、节约工程成本。

项目具体的施工过程，包括各种分项工程及其施工技术措施，主要内容有：

1. 土石方工程

土石方工程劳动繁重，工程面广、工作量大、施工条件复杂。其主要工作有场地平整、基坑（槽）与管沟的开挖、大型挖方工程、回填土等，还有基坑排降水、土壁支撑、地基加固处理等辅助工作。

2. 基础工程

一般工业与民用建筑多采用天然浅基础，它有造价低、施工简便的特点。如果土层软弱、上部荷载较大，无法采用浅基础时，可以采用桩基础等形式的深基础。二者在施工方法上差别较大，施工时应根据具体情况选择适宜的施工方法。

3．砌筑工程

砌筑工程是指砖石块体及砌块等的砌筑，是一个综合的施工过程，包括材料的制备、运输、脚手架的搭设、砌筑工艺等。

4．钢筋混凝土工程

钢筋混凝土工程由钢筋工程、模板工程和混凝土工程组成。钢筋工程涉及钢筋的冷加工、下料、成型、安装等；模板工程是混凝土成型的模具，包括模板和支撑系统；混凝土工程有配料、搅拌、运输、浇筑、振捣、养护等工艺。目前，也有很多工程使用预应力钢筋混凝土结构，可以有效地提高构件的刚度、抗裂性和耐久性。

5．结构安装工程

典型的结构安装工程如单层工业厂房、装配式框架结构及大板结构的安装等，应选择好机械的类型、型号；确定开行路线、吊装工艺，作好平面布置计划。

6．防水工程

指屋面防水工程和地下防水工程。屋面防水工程的目的是防止雨水、雪水等从屋面渗入，地下防水可保持室内干燥，防止地下水等的影响。应选择好防水方案，防水层按设计施工，严格把好质量关。

7．装饰工程

装饰工程有美观、改善卫生条件、保护墙面等作用。装饰工程的费用占工程造价的比例较大，材料的更新及工艺的发展较快。按工程部位可分为：外墙装饰、内墙装饰、顶棚装饰和地面装饰。

施工过程中，在明确项目管理机构、体制的条件下，应明确划分任务，建立现场统一的领导机构及职能部门，协调好各单位关系，建立健全各种规章制度。同时，还应制订各种保证质量、安全、节约、文明施工等措施，有专人检查、负责，保证措施的落实。

根据施工开展程序和施工方案，在施工之前要编制好施工进度计划，在编制时采用资源使用均衡的流水施工方法，并辅之以其他方法，做到方法多样、手段先进。根据确定好的进度计划，还要编制各种资源计划、准备工作计划、施工现场布置计划等。施工过程中可以采用网络技术、水平图表、垂直图表等手段进行进度控制，按照验收规范的标准进行质量控制，达到按期、保质、安全的目的。

6.3.3　竣工验收

竣工验收是全面考核建设工作，检查设计、施工质量是否符合要求，审查投资使用是否合理的重要环节，是投资成果转入生产或使用的标志。

规模较大、较复杂的项目应先初步验收，然后进行整个项目的竣工验收。规模较小、较简单的项目，可采用一次性竣工验收。

竣工验收必须符合以下要求：

（1）生产性项目和辅助性公用设施，已按设计要求建成，能满足生产使用要求。

（2）主要工艺设备和配套设施联动负荷试车合格，形成生产能力，能够生产出设计中所规定的产品。

（3）必须的生活设施，已按设计要求建成合格。

（4）生产准备工作能适应投产的需要。

（5）环境保护设施、劳动安全卫生设施和消防设施，已按设计要求与主体工程同时建成使用。

（6）设计和施工质量已经质量监督部门检验并作出评定。

（7）工程结算和竣工决算通过有关部门审查和审计。

6.3.4　工程项目组织施工的基本方法

工程项目组织施工的方法很多，其基本方法有依次施工、平行施工和流水施工三大类。

1. 依次施工

依次施工又称依次作业、顺序施工等，是各施工过程或施工对象（施工段）依次开工、依次完成的施工组织方式。这种施工方式的特点在于全部施工由一个施工班组依次完成，工期较长，工作面和劳动力利用均不充分，但每天投入的劳动力少，机具设备使用不集中，材料供应和现场管理简单。根据依次施工的这种特点，在工程量较小，施工力量不足，工作面有限或工期不紧张时可按实际情况采用依次施工。

2. 平行施工

平行施工又称平行作业，是各个施工对象（或施工段）同时开工，同时完成的施工组织方式。这种施工方式的特点是同时派出若干个施工班组，每个班组完成一个施工对象的全部施工，因而工期短，工作面和劳动力利用充分，但人员也成倍增加，人力、物力供应过于集中，不利于物资供应和施工管理，易出现窝工现象。平行施工较适用于工期要求紧、大规模的建筑群及分期分批组织施工的工程。

3. 流水施工

流水施工又称流水作业，是指所有施工过程按一定时间间隔依次投入施工，各个施工过程陆续开工、陆续竣工，使同一施工过程的专业班组保持连续、均衡施工，不同的施工过程尽可能平行搭接施工的组织方式。

第7章 工程管理

7.1 工程管理概述

7.1.1 工程管理的基本概念

工程管理是一个新兴的交叉型综合学科,它是一种具有特定目标、资源和时间限制,以土木工程的技术知识为背景,依托管理学科的理论和计算机信息管理技术,研究现代化工程项目的管理理论与管理模式,力求以较小的投入,获得较大的经济效益的管理事业。

随着现代化建筑工程项目的规模大型化、技术复杂化,工程项目的管理难度也日趋加大。在现代化的工程项目中,已无单纯的技术人员和管理人员。因此,国内外都将工程管理作为土木工程领域的一个重要学科加以研究和建设。据报道,在建筑行业几乎饱和的英国,工程管理(或工程管理咨询)人员近年来仍以 10%左右的速度递增。这充分说明了工程管理在建设项目中的重要作用。

7.1.2 我国工程管理人才现状与要求

我国目前有近 3 900 万建筑大军,近年来,随着我国基本建设的飞速发展,建筑业企业个数、企业平均人数及企业年产值均在增长,见表 7.1、表 7.2、表 7.3。

表 7.1 我国建筑企业个数(单位:个)

年份	1996	1997	1998	1999	2000	2001	2002	2003
个数	41 364	44 017	45 634	47 234	47 518	45 893	47 820	48 688

表 7.2 我国建筑企业人员平均人数(单位:人)

年份	1996	1997	1998	1999	2000	2001	2002	2003
人数	2 121.87	2 102.45	2 029.99	2 020.13	1 994.30	2 110.66	2 245.19	2 414.27

表 7.3　我国建筑企业年产值（单位：亿元）

年份	1996	1997	1998	1999	2000	2001	2002	2003
年产值	8 282.25	9 126.26	10 061.99	11 152.86	12 497.60	15 361.56	18 527.18	23 083.87

但我国工程管理发展水平远低于建筑业的发展水平，这已成为制约建筑业健康发展的瓶颈。目前，我国建筑市场中存在的工程质量问题、投资失控、建设工期拖延以及建筑市场混乱、企业竞争力差，经济效益低下等不良现象均与缺乏合格的工程管理人才有着密不可分的关系。

据报道，2002 年，建筑业从业人数约 3 893 万人，其中农民工为 3 137 万人，占建筑业从业总人数的 80.58%。企业管理和技术人员在国有企业的比重较高，但也仅各占 10% 左右。在全球经济一体化趋势下，中国建筑业无论在国际市场还是国内市场都面临极大的挑战。2001 年，中国有 39 家企业进入美国《工程新闻记录》（ERN）杂志评选的世界最大的 225 家国际承包商行列，这 39 家中国企业的国际承包营业总额为 53.769 亿美元，仅为当年世界排名第一的瑞典斯堪斯卡公司国际承包营业额 121.52 亿美元的 44.24%。

我国建筑业是技术密集型产业，2003 年，我国总承包企业和专业承包企业共计 48 688 个，企业平均从业人数为 2 414.27 人，而美国、日本建筑业企业平均从业人数不到百人。随着建筑企业的改革，近年来国有建筑企业个数、从业人数在全行业企业中的比例呈逐年下降的趋势（见表 7.4），这实际也对从事建筑业人员的综合素质有了更高的要求。

表 7.4　近 5 年国有建筑企业占全行业的比重

年　份	1999	2000	2001	2002	2003
企业（%）	19.9	19	18	15.8	13.6
人数（%）	34.2	31.9	28	24.2	21.7

我国已加入世界贸易组织，中国建筑业已面临即将对外全面开放。国家对建筑业的保护政策只会是短期的、阶段性的。在国内建筑市场向国外开放的同时，国内工程建设行业将面临空前激烈的国际竞争。

在国内外许多工程建设项目承包过程中，我国建筑施工企业缺乏的并不完全是先进的施工技术与机械设备，更缺乏的是符合项目要求并确保企业收益的工程管理能力和水平，即形成了对工程管理人才的较大市场需求。

有学者就"21世纪建筑管理的知识体系如何构成"和"21世纪建筑管理人员应具备的素质是什么"等问题向长期从事建筑行业管理、建筑专业教育和建筑管理的企业人员以及在校学生进行了调查，结论是，应将技术知识与管理综合类课程的比例调整到相近，才能满足建筑管理人才的知识结构要求（见表7.5、表7.6）。

表7.5　建筑管理的知识体系构成问卷统计表（%）

影响建筑管理人才知识结构因素	排第1位	排第2位	排第3位	排第4位
建筑技术知识	70	30	0	0
信息网络技术知识	0	20	70	10
管理类综合知识	30	50	20	0
基础类知识	0	0	10	90

表7.6　影响建筑管理人才的因素问卷统计表（%）

影响建筑管理人才的因素	排第1位	排第2位	排第3位	排第4位
人员素质要求	15	55	23	7
技术型转变为管理型	50	20	15	15
能力要求	23	15	42	20
未来学习	12	10	20	58

未来的建筑管理工作已发生了深刻的变化，趋势是：从单一的施工技术管理型向项目管理技术综合型转变；管理人员的技术型向管理人员的素质型转变；表7.6中大多数被调查者选择了"技术型转变为管理型"和"能力要求"，也与国际项目经理能力构成相吻合。

工程管理具有技术性、专业性强的特点，因此，发达国家十分重视对建设工程管理人才的培养与从业资格认证，他们通过各种行业协会来对本行业的从业人员进行资格认证，以确保从业人员的从业资质水平与执业能力，如英国的皇家特许营造师协会（CIOB）、皇家特许测量师协会（RICS）、英国土木工程师学会（ICE）等等。这些行业协会中的许多协会从本国范围开始，至今已发展成为成员遍布世界范围的国际性组织，我国从20世纪90年代开始也重视建筑业专业人员的从业资格的认证制度，截至 2004 年 3 月，与土木工程密切相关的全国注册执业资格就有监理工程师、建造师、造价师、咨询工程师（投资）、房地产估价师、房地产经纪人、建筑师、城市规划师、结构工程师、土木工程师（岩土）等 10 项，其中前 6 项都与工程管理密切相关，后 4 项的注册考试中都包括了工程管理中的工程经济、建设项目管理、法律法规等知识。

　　2001 年 3 月，建设部人事司在杭州召开了土建类各专业教学指导委员会专家座谈会，专家们一致认为，通过工程管理方面课程的学习，将会提高土建类专业学生的综合素质，是适应我国建筑业推行执业资格认证制度的需要，也是与发达国家培养建筑业人才的惯例相一致。通过对土建类学生的管理能力的培养，将会使学生毕业后，能更好地满足现代化建筑工程对复合型人才的要求。

7.1.3　工程管理体系的构成

　　现代建筑业已从单一国家的建设发展成为具有一定国际规范的建设平台，建筑业涉及的范围包括了建设项目的全过程，见图 7 - 1。

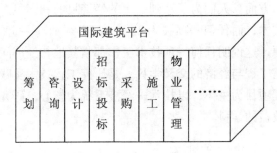

图 7 - 1　国际建筑平台

　　与之对应的工程管理课程体系除要求学生掌握基本的工程技术知识外，还应包括工程经济学、工程项目管理、建设法规与合同管理等方面的内容，涉及项目的前期策划（决策体系）、项目的计划（技术体系）、项目的实施控制（方案的社会体系、管理体系、环境体系）及项目的竣工验收（项目评价与管理体系）等内容。由此可见，工程管理学科是一门社会科学与自然科学、理论与实践高度融合的新兴学科。

7.2 工程经济学

7.2.1 一般概念

工程泛指某项需要投入较大人力和物力的工作，这里所称工程主要指与土木工程（如房屋、水利、道路、桥梁等）相关的建设工作。作为土木工程建设活动的产品，在整个国民经济中占有十分重要的地位。随着全球商品经济的发展，当今的土木工程建筑业已成为社会的独立物质生产部门，我国的建筑业被列为仅次于工业、农业的第三产业部门。

经济是指社会生产关系的总和，是政治、思想意识等上层建筑赖以生存的基础；经济可以是一个国家国民经济的总称，或指国民经济的各个部门经济，如工业经济、农业经济等；同时也可指人们日常生活中经常使用的经济概念，如节约、节省的意思。这里所说的经济是指花费尽可能少的人力、物力、财力和时间达到预期的最佳经济效益的目的。技术和经济是人类社会进行产品生产时缺一不可的两个方面。人们为了达到一定的经济目的和满足一定的需要，都必须采用一定的技术，而任何一项技术工作，都必须消耗一定的人力、物力、财力和时间、资源，这说明任何一项技术工作都紧紧地与经济问题相关联。

工程经济学是工程与经济的交叉学科，是研究工程技术实践活动经济效果的学科。即以工程项目为主体，以技术—经济系统为核心，研究如何有效利用资源，提高经济效益的学科。

7.2.2 工程经济学的研究对象

工程经济学，主要是以建筑工程项目为对象，结合建筑企业和建筑产品的特点，按照基本建设经济规律的要求，从工程技术经济的角度，对建筑工程施工的技术方案、技术措施和技术政策，以及建筑企业的经营效果等进行的经济分析和经济评价，使其技术的先进性与经济的合理性有机地结合，达到用最少的劳动投入取得最多最好的经济效益，以满足日益增长的社会物质与文化需要。

此外，工程经济学还涉及与工程项目相关的资金筹措、招标投标方式、合同管理、工程项目管理中的经济问题。也就是说，工程经济学不仅要研究工程中技术或生产力方面产生的经济问题，同时还要通过工程项目把生产力和生产关系联系起来，研究工程项目中发生的人与人之间的关系，研究生产关系中的经济、法律、管理等问题。可以说，工程经济学是现代工程管理中必不可少的经济分析方法。

7.2.3　工程经济学课程的特点

本课程是一门综合性较强的应用学科，其发展有着广阔的前景。随着科学技术的不断进步，建筑企业管理的现代化，工程经济还有很多领域有待我们去研究与探讨。工程经济学课程的特点表现在以下几方面：

1. 综合性

主要体现在有关学科的交叉和内容知识的有机组合，包括有经济理论基础知识，工程技术经济知识和建筑企业管理知识。各章虽具有一定的独立性，但又具有内在联系，通过上述内容的有机组合及相互渗透，组合成为一个比较合理的整体，使本课程成为综合性较强的一门专业课。尤其是在解决现代建筑施工方案和建筑企业管理的诸多问题中，必须动用多种学科知识，如工程技术、技术经济、社会科学等，综合研究各种因素，以便获得最佳的解决方案。

2. 实用性

工程经济学可分成两个层次，一是根据经济学、管理学的基本理论与方法，结合土木工程的特点，以工程项目的实施过程为主，运用相应的技术经济手段，选择技术上先进、经济上合理的建设方案；二是根据国家和建设部门制定的各项政策、法律法规，处理好工程项目中人与人的相互关系，进行工程项目的有效管理，保证项目最佳效益目标的实现。因此，工程经济学不仅涉及技术、经济方法等问题，同时也涉及与工程相关的合同方式、法律法规、工程索赔等问题。工程经济学已成为现代土木工程技术与管理人员必备的基础知识。在我国现行的土木工程技术、经济、管理的各类执业资格考试中（如建筑师、结构师、造价工程师、监理工程师、房地产估价师等），工程经济学是一门必考的专业基础课程。

3. 政策性

课程中所涉及的经济政策是国家对建筑业的经济活动与经济发展制定的政策性规定；所涉及的建筑技术政策是国家对建筑业的技术工作进行宏观指导制定的政策性规定。这些政策性规定，主要是根据一定时期建筑业的改革与发展形势而制定的，具有其指导性和强制性。了解这些政策性规定，并能在今后的实际工作中贯彻执行，也是十分重要的。

7.2.4 工程经济学课程的主要内容与学习要求

工程经济学可以认为是工程师的经济学。它与土木工程项目密切相关，涉及面非常广泛，包括工程经济基础、会计基础与财务管理、建设工程估价等。对土木工程类学生，教学上往往将把重点放在工程经济与工程估价方面。

1. 工程经济学课程的主要内容

（1）工程经济基础的主要内容：

① 资金的时间价值计算；

② 工程建设投资的分析方法；

③ 工程建设的预测与决策技术；

④ 工程项目的可行性研究；

⑤ 工程项目风险分析；

⑥ 价值工程与价值分析；

⑦ 合同价款形式、工程结算；

⑧ 施工方案的技术经济分析；

⑨ 竣工决算；

⑩ 项目后评估。

（2）建设工程估价的主要内容：

① 建设项目投资估算；

② 设计概算的编制与审查；

③ 建筑工程定额的分类与编制；

④ 建筑安装工程费用构成与计算；

⑥ 建筑面积与预算工程量的计算规则；

⑦ 工程量清单的编制与审查；

⑧ 工程计价软件在工程估价中的应用。

2. 工程经济学课程的学习要求

通过对工程经济基本内容的介绍与学习，使学生了解建筑工程经济与建设工程估价的基本理论、基本知识与基本方法，掌握现代化经济分析与管理的方法与手段，了解其主要的业务知识，使学生初步掌握建设项目评价、投资控制、工程造价分析等经营与管理的思想和能力。

7.3　工程项目管理

7.3.1　一般概念

项目是指在一定的约束条件下（主要是限定的资源、限定的时间）具有专门组织、特定目标的一次性任务。

工程项目管理随着其发展被赋予了两种不同含义的定义。

传统的定义：项目管理是以高效率地实现项目目标为目的，以项目经理个人负责制为基础，能够对工程项目，或其他一次性事业按照其内在逻辑规律进行有效地计划、组织、协调、控制的管理系统。

现代的定义：项目管理就是运用各种知识、技能、手段和方法去满足或超出项目有关利害关系者对某个项目的要求。

工程项目管理历史悠久，但作为有系统理论体系和方法的现代项目管理的产生才几十年的时间。现代项目管理理论是在现代科学技术知识，特别是信息论、控制论、系统论、计算机技术和运筹学等基础上产生和发展起来的，并在现代工程项目的实践中取得了惊人的成果。由于项目管理的普遍性和对社会发展的重要作用，它的研究和应用也越来越受到许多国家的政府、企业界和高等院校的广泛重视。它不仅是一个研究方向、一门学科，而且已成为一个专业、一种社会职业。例如，在许多国家的高校中，工科、理科、商学，甚至文科专业都设有项目管理课程，项目管理专业的学位教育最高可达到博士学位。社会上有专职的注册项目管理工程师，还有与其相应的执业资格培训和考核制度。许多企业或专业学会都有在职人员的项目管理继续教育和培训，而这些培训也同样遍布于政府机关、科研教育部门、金融部门等。

近十几年来，在我国，项目管理也越来越引起人们的重视，人们也更理性地认识项目管理的内涵，即自项目开始至项目完成，通过项目策划（Project Planning）和项目控制（Project Control），以使项目的费用目标、进度目标和质量目标得以实现；通过协调项目各参与方的关系，使各方通过项目获利，同时还应使项目与环境协调，保证项目的可持续发展，见图 7-2。

现代工程实践和研究表明，在未来社会中，工程项目管理的理论与方法将会起到越来越重要的作用。

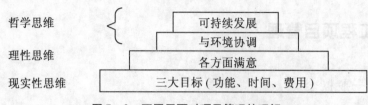

图 7-2 不同层面对项目管理的理解

7.3.2 工程项目管理的研究对象

工程项目管理是研究建设领域中既有投资行为，又有建设行为的建设项目的管理问题，是一门研究建设项目从策划到建成交付使用全过程的管理理论和管理方法的科学，是一门新兴的经济管理学科。工程项目管理是以投资者或经营者（项目业主）的投资目标为目的，按照建设项目自身的运行规律和建设程序，进行计划、组织、协调、控制和总结评价的管理过程，它由建设项目的运动周期、项目管理的目标、管理的职能等方面构成。工程项目管理职能见图7-3所示。

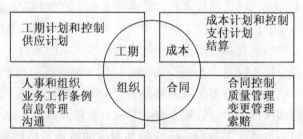

图 7-3 工程项目管理职能

7.3.3 现代工程项目管理特征

现代项目管理具有以下特征：

1. 现代管理理论的应用

现代的工程项目管理理论将系统论、信息论、控制论、行为科学等理论综合应用于项目的实施过程中，并运用预测技术、决策技术、网络技术、线性规划、模糊数学等方法，解决项目中的各种复杂问题，特别是以网络技术为主的计算机项目管理软件的应用，使得管理人员在工期计划、成本计划、资源计划、优化和控制方面能得心应手，提高了管理的效率。同时，借鉴了管理领域中创新管理、以人为本、物流管理、学习型组织、变革管理、危机管理、集成化管理、知识管理、虚拟组织等新的理论与方法，使项目管理在理论与方法上更趋于完善。

2．项目管理的专业化和社会化

现代社会中，工程项目数量急剧增长，工程规模大，技术新颖，社会对项目的要求也愈来愈高。按社会分工的要求，现代社会需要专业化的项目管理公司，为业主和投资者提供项目全过程的专业化咨询和管理服务。国内外出现的工程项目"代建制"，就是依靠高水平的专业项目管理公司对项目进行有效的管理。项目管理发展到今天，已成为一种社会新兴产业，它能极大地提高工程项目地整体效益，达到投资省、进度快、质量好的目标。

3．项目管理的标准化和规范化

项目管理是一项技术性强又十分复杂的管理工作，要符合社会化大生产的需要，因此必须标准化和规范化，才能摆脱经验型的管理状况。规范的项目管理工作流程、统一的工程计量方法和结算方法、标准的招投标文件和合同条件、标准的信息系统，可以有效地提高项目管理的水平，并增加项目的经济效益。

4．工程项目管理国际化

当今世界国际合作项目越来越多，工程管理、咨询服务、投资、采购等，都呈国际化趋势，这就要求国际化的工程项目管理。工程项目管理国际化体现在要把不同文化背景、不同经济制度、不同风俗习惯、不同法律背景的项目所在国的工程管理方法或模式统一到同一个国际建筑平台上，按照国际惯例，通过一套通用的程序、通行的准则和方法，协调不同文化和经济制度造成的管理差异，使工程项目管理国际化成为可能。

7.3.4　工程项目管理的主要内容与学习要求

如前所述，一个项目往往由许多单位共同参与，而各参与方的工作性质、任务和利益不同，因此形成不同类型的项目管理。

1．工程项目管理的主要内容

（1）业主方项目管理的主要内容：业主方是建设工程项目生产过程的人力资源、物质资源和知识的总集成者，也是项目生产过程的总组织者，在项目管理中，业主的项目管理是管理的核心。项目管理服务于业主的利益，涉及项目的全过程。包括 5 个阶段，即：

① 设计前的准备工作阶段；

② 设计阶段；

③ 施工阶段；

④ 动用前准备阶段；

⑤ 保修阶段。

而每个阶段又可细分为：

① 安全管理；

② 投资控制；

③ 进度控制；

④ 质量控制；

⑤ 合同管理；

⑥ 信息管理；

⑦ 组织和协调。

安全管理是最重要的任务，它关系到人身的健康和安全，而投资控制、进度控制、质量控制和合同管理等主要涉及业主的物质利益。

（2）设计方项目管理的主要内容：设计方作为项目建设的参与方，项目管理的内容应服务于项目的整体利益和设计方本身的利益，项目管理的重点在设计阶段，但也涉及设计前的准备工作阶段、施工阶段、动用前准备阶段和保修阶段。主要内容包括：

① 与设计工作有关的安全管理；

② 设计成本控制和与设计工作有关的工程造价控制；

③ 设计进度控制；

④ 设计质量控制；

⑤ 设计合同管理；

⑥ 设计信息管理；

⑦ 与设计工作有关的组织和协调。

（3）施工方项目管理的主要内容：设计方作为项目建设的参与方，项目管理的内容应服务于项目的整体利益和施工方本身的利益，项目管理的重点在施工阶段，但也涉及设计前的准备工作阶段、设计阶段、动用前准备阶段和保修阶段。主要内容包括：

①　施工安全管理；

②　施工成本控制；

③　施工进度控制；

④　施工质量控制；

⑤　施工合同管理；

⑥　施工信息管理；

⑦　与设计工作有关的组织和协调。

（4）供货方项目管理的主要内容：供货方作为项目建设的参与方，项目管理的内容应服务于项目的整体利益和供货方本身的利益，项目管理的重点在施工阶段，但也涉及设计前的准备工作阶段、设计阶段、动用前准备阶段和保修阶段。主要内容包括：

①　供货的安全管理；

②　供货方的成本控制；

③　供货的进度控制；

④　供货的质量控制；

⑤　供货合同管理；

⑥　供货信息管理；

⑦　与供货有关的组织和协调。

2．工程项目管理课程的学习要求

通过本课程的学习，要求学生综合运用所学的工程技术知识、经济管理知识、合同法律知识，了解项目管理的基本程序与方法，并配以计算机项目管理软件，对一般的工程项目进行系统分析，制定出符合本项目的管理方案。

7.4　建设法规与合同管理

7.4.1　一般概念

1．建设法律与法规

建设法律或称建设法是调整国家管理机关、企业、事业单位、经济组织、社会团体，以及公民在建设活动中所发生的社会关系的法律规范的总称。建设法的调整范围主要体现在三个方面：第一，是建设管理关系，即国家机关正式授权的有关机构对建筑业的组织、监督、协调等职能活动；第二，是建设协作关系，即从事建设活动的平等主体之间发生的往来、协作关系，如订立工程建设合同等，第三，是从事建设活动的主体内部劳动关系，如订立劳动合同、规范劳动纪律等。

建设法规是指国家机关或授权的行政机关制定的，旨在调整国家及其有关机构、企事业单位、社会团体，公民之间在建设活动中或建设行政管理活动中所发生的各种社会关系的法律规范的统称。

2. 建设工程合同与合同管理

合同又称契约，是当事人或法人之间为实现一定经济目的而确立、变更、终止权利与义务关系的协议。建设工程合同一般可认为是承包人进行工程建设，发包人支付价款的合同。

合同确定工程项目的价格、工期和质量等目标，规定着合同双方责权利关系。所以合同管理贯穿于工程实施的全过程和工程实施的各个方面。它作为其他工作的指南，对整个项目的实施起总控制和总保证作用。在现代工程中，没有合同意识则项目整体目标不明；没有合同管理，则项目管理难以形成系统，难以有高效率，不可能实现项目的目标。

7.4.2 合同管理在工程项目管理中的作用

在项目管理中，合同管理是一个较新的管理职能。在国外，从 20 世纪 70 年代初开始，随着工程项目管理理论研究和实际经验的积累，人们越来越重视对合同管理的研究。在发达国家，80 年代前人们较多地从法律、法规方面研究合同；在 80 年代，人们较多地研究合同事务管理（Contract Administration）；从 80 年代中期以后，人们开始更多地从项目管理的角度研究合同管理问题。近十几年来，合同管理已成为工程项目管理的一个重要的分支领域和研究的热点。它将项目管理的理论研究和实际应用推向新阶段。

在现代建筑工程中不仅需要专职的合同管理人员和部门，而且要求参与建筑工程项目管理的其他各种人员（或部门）都必须精通合同，熟悉合同管理和索赔工作，所以合同管理在土木工程、工程管理以及相关专业的教学中具有十分重要的地位。为了分析土木工程类专业毕业生进入建筑施工企业后，需要哪些方面的管理知识，美国曾于 1978 年、1982 年、1984 年三次对 400 家大型建筑企业的中上层管理人员进行大规模调查。调查表列出当时建筑管理方向的 28 门课程（包括专题），由实际工作者按课程的重要性排序。调查结果见表 7.7。

表 7.7　土木工程专业毕业生最有用的管理知识调查结果

按重要性排序	1978 年调查	1982 年调查	1984 年调查
1	财务管理	建设项目相关的法律	建设项目相关的法律
2	建筑规程及法规	合同管理	合同管理
3	合同管理	建筑规程及法规	工程项目计划、进度安排与控制
4	成本控制与趋势分析	财务管理	建筑规程及法规
5	管理会计	工程项目计划、进度安排与控制	管理会计
6	生产率检测与方法改进	劳资管理关系及劳动法	文字、图像与图表信息传递
7	工程项目计划、进度安排与控制	材料与劳动力管理	材料与劳动力管理
8	劳资管理关系与劳工法	成本估算与投标	劳资管理关系与劳工法
9	成本估算与投标	成本控制与趋势分析	成本控制与趋势分析
10	材料与劳动力管理	决策分析与预测技术	演说与公共关系学

从上面的调查结果可见，建设项目相关的法律和合同管理居于最重要的地位，近年来该趋势更加明显，在"2005 全国注册建造师执业资格考试"中，《建设工程法规及相关知识》作为建造师执业资格考试的重要部分，从建设工程法律制度、合同法律制度、建设工程纠纷处理、建设工程法律责任等四方面，对考生作了较高的要求。

7.4.3　我国建筑工程合同的法律体系

1. 我国法律体系概况

我国法律体系可分为以下几个层次：

（1）法律：指由全国人民代表大会及常务委员会审议通过并颁布的法律，如宪法、民法、民事诉讼法、合同法、仲裁法、土地管理法、招标投标法等。

（2）行政法规：指由国务院依据法律制定或颁布的法规，如《建筑安装工程承包合同条例》、《建设项目环境保护办法》、《建设工程勘察设计合同条例》、《环境噪声污染防治条例》等。

（3）行业规章：指由建设部或（和）国务院的其他主管部门依据法律制定和颁布的各项规章，如《建设工程施工合同管理办法》、《工程建设施工招标投标管理办法》、《建筑市场管理规定》、《建筑企业资质管理条例》、《建筑安装工程总分包实施办法》、《建设监理试行规定》、《建设工程保修办法》等。

（4）地方法规和地方部门的规章：它是法律和行政法规的细化、具体化，如地方的《建筑市场管理办法》、《招投标管理办法》等。

实际工作中要求下层次的（如地方、地方部门）法规和规章不能违反上层次（如国家）的法律和行政法规，而行政法规也不能违反法律，上下形成一个统一的法律体系。在不矛盾、不抵触的情况下，在上述体系中，对于一个具体的合同和具体的问题，通常，特殊的、详细的具体的规定优先。

2. 适用于建筑工程合同的法律体系

建筑工程合同的法律体系作为一个完整的法律体系，它不仅包括法律（如合同法、民法通则等），还包括各种行政法规、地方法规；不仅包括建设领域的，还包括其他领域的法律和法规（如税法、会计法、外汇管制法、公司法等）。在建筑工程合同的签订和实施过程中，除了上述法律、法规外，经常涉及的法律、法规还包括：

① 建筑法。建筑法是建筑活动的基本法，它规定了施工许可，施工企业资质等级的审查，工程承发包，建设工程监理制度等；

② 涉及合同主体资格管理的法规。例如国家对于签订合同各方的资质管理规定，资质等级标准；

③ 建筑市场法规，如招标投标法；

④ 建筑工程合同管理法规，包括国家关于合同公证和鉴证的条例和规定；

⑤ 建筑工程质量管理法规，包括中华人民共和国标准法；

⑥ 建筑工程造价管理法规；

⑦ 税法；

⑧ 劳动保护法；

⑨ 环境保护法；

⑩ 保险法；

⑪ 担保法；

⑫ 合同争执解决方面的法规，如仲裁法，诉讼法；

⑬ 文物保护法；

⑭ 安全生产方面的法规；

⑮ 其他。例如土地管理法，交通管制条例等等。

7.4.4　本课程的特点

建设法规与合同管理主要涉及社会科学领域的内容，法律条款多、文本格式要求严格，同时，由于建筑工程的特点，使得合同管理具有管理时间长、涉及建设金额大、管理中干扰因素多等特点，因此要求学生能够灵活运用所学的知识，处理好合同各方的关系，使建筑工程能顺利完成。

7.4.5　建设法规与合同管理课程的主要内容与学习要求

1. 建设法规的内容与要求

（1）建设法规课程内容：

①了解工程建设法律的基本要素和概念；

②重点掌握合同法、建筑法、招标投标法；

③了解土地管理法、城市规划法、房地产法、保险法以及与税收有关的法律、法规的基本内容与适用。

（2）建设法规课程的学习要求：通过本课程的学习，要求学生能将相应的法律、法规条文运用于实际，解决工程合同的纠纷问题。

2. 合同管理的内容与学习要求

（1）了解建筑工程合同体系和建筑工程承包合同的基本内容。

（2）掌握我国的建设工程施工合同及标准合同文本的应用。

（3）熟悉 FIDIC 土木工程施工合同、设计、建造与交钥匙工程合同的基本内容与组成。

（4）了解我国建筑工程中的其他合同，如勘察设计合同、建筑材料和设备供应合同、加工合同、劳务合同、工程联营合同等。

（5）熟悉合同的策划、管理、掌握工程索赔的方法与处理原则。

7.5 工程管理课程体系构成与安排

7.5.1 工程管理课程体系与其他课程的关系

工程管理课程体系是土建类专业的专业课程体系之一，它与该专业的一些基础课和专业课都有着密切的关系，如《政治经济学》课程是本专业学生必备的经济理论基础知识，课程中要着重讲述怎样应用马克思主义政治经济学原理，研究和解决建筑工程经济和建筑企业管理中的问题。《建筑施工技术组织设计》课程的内容及基本规律，是学生学习本课程体系密切相关的专业知识。它对学生开拓思路、树立经济效益观念、学会用科学管理的方法保证工程质量、缩短建设工期、降低工程成本、注意安全生产、顺利完成施工任务都是非常必要的。《建筑材料》课程是进行工程合理选材、降低工程材料成本不可缺少的专业知识。《城市规划原理》、《房屋建筑学》、《建筑结构设计》等课程是合理规划、合理设计、有效进行工程项目管理、正确进行工程估价的基础知识。

按照本课程系列教学大纲的要求，学生学习时还需具备一定的应用数学和其他有关的专业课知识，这些相关的课程，对学好本课程系列无疑是非常重要的。

7.5.2 教学方式

为了使土木工程专业的学生能在有限的时间内，学习掌握与工程管理相关的课程，在课程内容、授课方式和考试方面常采用以下几种方式：

（1）课堂理论教学。

（2）课堂讨论。

（3）参观实习。

（4）课程设计。

（5）笔试、小论文。

7.5.3 工程管理课程体系类别、名称、学分、学时与时间安排

为了适应现代工程对复合型人才的要求，土木工程专业的学生除学习与土

木工程专业技术有关的课程外，还应学习与工程管理有关的知识。但由于总学时的限制，学生可以根据教学计划，掌握相关的核心和必修课内容，此外还可根据个人兴趣，选择学习相关的选修课、跨专业课程，以扩大自己的知识面，为毕业后参加有关的执业资格考试做准备。建议在土木工程专业中开设的与工程管理相关的常见课程，见表7.8。

表 7.8　工程管理课程体系课程安排表

课程类别	课程名称	学分	学时	考核方式	时间安排
专业核心课	工程项目管理	2	32	考试	第 7 学期
必修课	工程估价	2	32	考试	第 7 学期
	工程经济	2	32	考试	第 5 学期
实践教学环节	工程估价（课程设计）	1	1 周	考查	第 7 学期
选修课	建筑法规与工程索赔	2	32	考查	第 7 学期
	房地产开发与经营	2	32	考查	第 7 学期
	工程质量管理	2	32	考查	第 7 学期
	项目管理软件应用	1	16	考查	第 7 学期
建议跨专业选修课程	管理学原理				可根据个人的选课时间安排，从第 2 学年下半期开始选修。
	财务会计学				
	运筹学				
	公共关系学				
	市场学				

参考文献

[1] 罗福午主编，土木工程（专业）概论. 武汉：武汉工业大学出版社，2000

[2] 熊峰、李章政、贾正甫、李碧雄编著，结构设计原理. 北京：科学出版社，2002

[3] 丁大均、蒋永生编著，土木工程概论. 南京：东南大学出版社，1989

[4] 包世华、方鄂华主编，高层建筑结构设计. 北京：清华大学出版社，1994

[5] 东南大学、同济大学、清华大学合编，混凝土结构（上、下册）. 北京：中国建筑工业出版社，2002

[6] 王国周、瞿履谦主编，钢结构原理与设计. 北京：清华大学出版社，1992

[7] 符芳主编，建筑材料. 南京：东南大学出版社，1995

[8] 黄政宇主编，土木工程材料. 北京：高等教育出版社，2002

[9] 同济大学、西安建筑科技大学、东南大学、重庆建筑大学合编，房屋建筑学（第三版）. 北京：中国建筑工业出版社，1997

[10] 南京工学院建筑系《建筑构造》编写小组，建筑构造（第一、二册）. 北京：中国建筑工业出版社，1989

[11] 丁大均编著，现代混凝土结构学. 北京：中国建筑工业出版社，2000

[12] 赵顺波主编，混凝土结构设计原理. 上海：同济大学出版社，2004

[13] 郭继武编，建筑抗震设计. 北京：高等教育出版社，1998

[14] 浙江大学建筑工程学院、浙江大学建筑设计研究院，空间结构. 北京：中国计划出版社，2003

[15] 姚玲森主编，桥梁工程. 北京：人民交通出版社，1985

[16] 顾懋清、石绍甫主编，公路桥涵设计手册—拱桥（上册）. 北京：人民交通出版社，1994

[17] 成都地图出版社编，中国分省地图册. 成都：成都地图出版社，

2000

[18]〔日〕伊藤学著，刘健新、和丕壮译，桥梁造型. 北京：人民交通出版社，1998

[19] Louis C. Tartaglione 著，沈锦龙译，结构分析. 台北：麦格罗. 希尔国际股份有限公司（台湾），1998

[20] 李泽民编著，城镇道路广场规划与设计，第二版. 北京：中国建筑工业出版社，1988

[21] China Today, Vol. XLVIII. No. 10, 1999, P. 39

[22] China Reconstructs. 1982, 1984, 1985

[23] 叶国铮、姚玲森、李秩民 编著，道路与桥梁工程概论. 北京：人民交通出版社，1999

[24] 杨春风主编，道路工程. 北京：中国建材工业出版社，2000

[25] 辞海编辑委员会编，辞海（缩印本）. 上海：上海辞书出版社，1979

[26] 顾安邦主编，桥梁工程（上、下册）. 北京：人民交通出版社，2000

[27] 李远富主编，线路勘测设计. 北京：高等教育出版社，2004

[28] 中国公路学会桥梁和结构工程分会，2003 年全国桥梁学术会议论文集. 北京：人民交通出版社，2003

[29] 中国土木工程学会桥梁及结构工程分会编，第十六届全国桥梁学术会议论文集. 北京：人民交通出版社，2004

[30] 中华人民共和国行业标准，公路工程技术标准 JTG B01 - 2003. 北京：人民交通出版社，2004

[31] 中华人民共和国行业标准，公路桥涵设计通用规范 JTG D60 - 2004. 北京：人民交通出版社，2004

[32] 天津大学主编，水工建筑物（上、下册）. 北京：水利出版社，1981

[33] 武汉水利电力大学 陈德亮主编，水工建筑物. 北京：中国水利水电出版社，1995

[34] 吴媚玲主编，水工建筑物. 北京：清华大学出版社，1991

[35] 武汉水利电力学院 王宏硕主编，水工建筑物. 北京：水利电力出版

社，1990

[36] 刘启钊主编，水电站. 北京：中国水利水电出版社，1998

[37] 华东水利学院、成都科技大学、合肥工业大学合编，水电站. 北京：水利电力出版社，1983

[38] 王世泽主编，水电站建筑物. 北京：水利电力出版社，1987

[39] 祁庆和主编，水工建筑物，第三版. 北京：中国水利水电出版社，2005

[40] 江见鲸、叶志明主编，土木工程概论. 北京：高等教育出版社，2001

[41] 中国现代科学全书·水利工程，李仲奎、马吉明主编，水利水电工程. 北京：科学出版社，2004

[42] 陈胜宏主编，水工建筑物. 北京：中国水利水电出版社，2004

[43] 毛鹤琴主编，土木工程施工. 武汉：武汉工业大学出版社，2003

[44] 刘宗仁主编，土木工程施工. 北京：高等教育出版社，2003

[45] 汪景波、赵志缙等编，建筑施工. 上海：同济大学出版社，1985

[46] 廖玉平. 建筑业产业结构调整战略研究. 建筑经济，2005

[47] 陈广言. 国际工程投标报价实务. 深圳市造价工程师协会，2002 年10 月 P7

[48] 朱雅彬等. 中国建筑业执业资格体系研究. 建筑经济，2004 年专刊 P180

[49] 吴书霞等. 面向 21 世纪的中国高等建筑管理教育发展分析. 建筑经济. 2004 年专刊，P220

[50] 成虎编著. 工程项目管理. 北京：中国建筑工业出版社，2001

[51] 成虎编著. 工程项目管理. 北京：高等教育出版社，2004

[52] 全国一级建造师职业资格考试用书编写委员会，建设工程项目管理. 北京：中国建筑工业出版社，2004